普通高等院校电子信息类系列教材

扩展频谱通信

陈嘉兴　刘志华　编著

北京邮电大学出版社
www. buptpress. com

内 容 简 介

本书介绍了扩展频谱通信的发展、基本原理,扩频通信系统的性能,各种扩频通信系统的基本构成和相关技术,以及扩频通信技术在国民经济各行业的广泛应用。本书力求理论的完整性和工程的实用性。全书共分为 8 章,内容包括:扩频通信的一般概念以及干扰和抗干扰问题,扩频通信系统原理和理论基础,扩频通信的性能分析,扩频通信系统中伪随机序列的设计,扩频通信的信号产生调制与解调、同步及捕获,扩频通信的应用等。

本书可作为通信、电子、计算机等专业的高年级本科生和研究生的教学参考书,也可供从事通信、电子、定位、导航、雷达、电子对抗及无线电技术及其他相近专业的研究人员和工程技术人员参考。

图书在版编目(CIP)数据

扩展频谱通信/陈嘉兴,刘志华编著. --北京:北京邮电大学出版社,2013.5
ISBN 978-7-5635-3465-4

Ⅰ. ①扩… Ⅱ. ①陈…②刘… Ⅲ. ①扩频通信 Ⅳ. ①TN914.42

中国版本图书馆 CIP 数据核字(2013)第 070823 号

书　　　　名	:	扩展频谱通信
著作责任者	:	陈嘉兴　刘志华　编著
责 任 编 辑	:	刘　颖
出 版 发 行	:	北京邮电大学出版社
社　　　　址	:	北京市海淀区西土城路 10 号(邮编:100876)
发　行　部	:	电话:010-62282185　传真:010-62283578
E-mail	:	publish@bupt.edu.cn
经　　　销	:	各地新华书店
印　　　刷	:	北京联兴华印刷厂
开　　　本	:	787 mm×1 092 mm　1/16
印　　　张	:	9.25
字　　　数	:	225 千字
印　　　数	:	1—3 000 册
版　　　次	:	2013 年 5 月第 1 版　2013 年 5 月第 1 次印刷

ISBN 978-7-5635-3465-4　　　　　　　　　　　　　　　　　定　价:26.00 元

· 如有印装质量问题,请与北京邮电大学出版社发行部联系 ·

前言

　　扩展频谱通信技术是建立在信息论基础上的一种新通信体制,是当今信息社会最为先进的无线电通信技术之一。由于扩展频谱通信具有很强的抗干扰、抗截获、抗多径能力,以及具有多址能力强、保密性好和测量精确等优点。不仅在军事通信中占有重要的地位,在民用通信中也得到越来越广泛的应用。随着微电子技术、超大规模集成电路技术、数字信号处理技术的迅速发展和新型器件的出现,扩展频谱通信技术在无线局域网、2G/3G 移动通信、卫星通信、航空航天和深空探测等诸多领域都得到了较为广泛的应用,扩频技术是提高强电子干扰环境下通信设备抗干扰能力的最有效通信手段。

　　面对通信技术的飞速发展,造就一批能够适应现代科技发展、掌握扩展频谱理论和技术需求的人才培养迫在眉睫。在高等院校的通信工程本科专业、通信与信息系统、信号与信息处理等相近研究生专业的教学计划中,都应该开设扩展频谱通信原理和技术课程。本书正是为了适应专业人才教学和培养要求,跟踪通信科技发展需求而编写的。编者集多年从事研究生和本科生扩展频谱通信原理等专业课教学经验,努力使庞杂的授课内容压缩在有限的 54 学时之内。

　　本书的第 1 章介绍了扩频通信技术的发展历程、通信系统中的干扰和如何抗击干扰、扩频通信技术的基本特点及特殊性质。第 2 章介绍了扩频通信系统的基本理论和工作原理。第 3 章对扩频通信的 4 种基本方式:直接序列扩频、跳频扩频、跳时扩频、线性脉冲调频系统以及混合扩频系统的组成及工作原理进行了详细介绍。第 4 章对扩频通信的抗广义平稳干扰的能力、抗单频正弦波干扰的能力、抗多径干扰的能力以及码分多址的能力进行了详细的分析与阐述。第 5 章介绍了扩频通信中伪随机序列产生的方法以及相关数学理论知识。讨论了几种常用的伪随机序列,包括 m 序列、M 序列、Gold 序列和其他扩频序列以及它们的特性。由于篇幅有限,第 6 章只对直接序列扩频通信系统信号的产生和调制作了介绍。第 7 章专门讨论了扩频通信系统中信号的捕获与同步跟踪问题。第 8 章介绍了扩展频谱技术在国民经济各行业及国防工业中的应用。

　　本书对作者在讲授扩频通信课程时遇到的一些容易引起学生混淆或不好理解的概念与内容,作了尽可能详细的讨论。学习本书前,读者应学习过信号与系统、通信原理、概率论与数理统计、随机信号分析等相关课程。本书的特点在于从扩频通信的基础理论出发,结合各种扩频通信体制进行分析,按照各种扩频体制的特点来介绍扩频信号的产生、调制与解调、扩频序列的生成、捕获与同步等内容,最后给出大量应用实例以供学生对扩频通信在工程上的应用有个初步的认识。

　　本书主要以通信和测控类、电子类在校本科生和研究生为对象,着重介绍扩频通信系统的工作原理,强调给予读者在理论体系上构建扩频通信系统的基本结构,为读者今后深入研究扩频通信及其应用打下坚实的基础。

目 录

第 1 章

绪　论

1.1　扩展频谱通信技术的发展

扩展频谱通信作为新型通信方式,特别引人注目,得到了迅速发展和广泛应用。从扩展频谱通信的历史发展看,这种通信方式在 20 世纪 40 年代就提出来了,但没有得到应有的重视和发展。主要理由是这种方式与常规的使用带宽尽量窄的通信方式相比较,要使用特殊编码调制把信息数据展宽成宽带信号传输,接收端还要相关解调,是一种完全新的不同于以往传统通信的方式。初期学者们进行了大量的实验研究,给人一种在实验结果基础上推动理论发展的感觉。

扩展频谱通信(简称扩频通信)的原理发表得很早,但真正的研究是 20 世纪 50 年代中期在美国开始的。美国军事机关看到,一般通信方式在第三者强干扰存在的情况下,很难准确检测出发送来的信号。另外,对通信保密的要求也越来越强烈。50 年代美国麻省理工学院研究成功 NOMAC 系统(Noise Modulation and Correlation System),成为扩频通信研究发展的开端。从此,军事通信研究部门对军事通信、空间探测、卫星侦察等方面广泛应用扩频通信方式的研究十分活跃。60 年代以来,随着民用通信事业的发展,频带拥挤日益突出。信号处理技术、大规模集成电路和计算机技术的发展,编码和相关处理能力的发展,通信技术的迅速发展,军事产品向民用转化,推动了扩频通信理论、方法、技术等各方面的研究发展和应用普及。1976 年 R. C. Dixnoon 写了第一部扩频通信的概述性专著:*Spread spectrum Systems*。1982 年 J. K. Holmes 写的 *Coherent Spread Spectrum Systems* 一书是第一部扩频通信的理论性专著。1985 年 M. K. Simon 等人写的 *Spread Spectrum Communicutions* 一书共 3 卷,是扩频通信技术最全面、最新的专门著作。

近几十年来,扩频通信理论方法、技术和应用经历了 3 个阶段,第一阶段是 1969—1977 年,在早期建立的扩频通信理论基础上,卓有成效地丰富和发展了扩频通信的理论、方法和实用技术,1977 年 8 月 IEEE(Institute of Electracal and Electronics Engineers)通信汇刊的扩频通信专集和 1978 年在日本京都举行的国际无线通信咨询委员会全会对扩频通信的专门研究就集中反映了扩频通信的研究成果,开始了世界性的对扩频通信的全面研究。第二阶段是 1978—1985 年,1982 年美国第一次军事通信会议,公开展示了扩频通信在军事通信中的主导作用,报告了扩频通信在军事通信各领域的应用,并开始民用扩频通信的研究。IEEE 通信汇刊也在 1982 年 5 月再次发表扩频通信专集,系统报道了扩频通信的研究应用成果。这是扩频通信发展的第二阶段。1985 年 5 月美国联邦通信委员会制订了民用公共安全、工业、科学与医疗和业余无线电采用扩频通信的标准和规范,明确规定公共安全用 37~952 MHz,最大输出功率为 2 W 的电台,工业、科学与医疗用 902~928 MHz、2.4~2.5 GHz、5.725~5.85 GHz 3 个频段,最大输出功率为 100 W。世界各国相继行动,组织扩频通信专门研究机构和学术团体,开始了扩频通信深入研究和广泛应用。第三阶段是 1986 年至今,近期,美国国家航空和航天管理局(National Aeronautics and Space Administration,NASA)采用扩频通信多址方式的频谱利用率高于采用频分多址方式的频谱利用率的技术报告,对扩频通信的研究和应用产生了深远影响,开创了扩频通信研究、应用和发展的新阶段。

1.2 通信中的干扰与抗干扰

1.2.1 干扰

通信干扰,有多种分类方式。按干扰产生的来源,无线电通信干扰可分为自然干扰和人为干扰。自然干扰包括由于雷电作用和地震、火山爆发等产生的电磁辐射所造成的干扰,以及由于电离层、云、雨、山和其他物体对电磁波反射或吸收所造成的干扰。人为干扰是为了破坏敌方无线电通信,有意识施放的干扰。通信干扰的主要发展方向是:扩展干扰频率范围和提高干扰功率;采用计算机和数字处理技术,提高自动化程度和自适应能力;采用多功能技术,提高系统的波形、频率、功率管理能力,组成具有侦察、测向、干扰等多功能的通信对抗系统;研究对扩频、跳频通信的干扰技术等。干扰与被干扰是矛盾的两个方面,为使干扰有效,即产生干扰作用,除遵循其战术使用原则外,必须保证必要技术条件的切实可行。首先是干扰与信号频率的重合准确度(对瞄准式干扰而言),其次是必要的干扰辐射功率,再次是最佳的干扰样式。

在无线电通信过程中,通信系统内的发射机是载有信息的电磁波辐射源;通信系统内的接收机则必须从复杂的电磁环境中检测有用信号,这种开放性的发射与接收通信信号的特点是实施无线电通信对抗的基础。通信干扰,是针对无线电通信或综合通信系统所实施的电子干扰。其目的在于削弱、破坏敌方通信系统的使用效能。它主要以敌方的单边带、双边带调幅(AM)话音通信,调频话音通信,模拟或数字式传真与电视,振幅键控(ASK)、移频键控(FSK)、移相键控(PSK)电报数据通信,以及敌方可能采用的反干扰能力很强的跳频通信和各种隐蔽或保密通信系统等为作战对象。通信干扰是建立在通信侦察基础之上的,并且主要是干扰敌方的接收设备,在实际工作中,无线电接收设备受到的干扰是多种多样的。

一般的通信干扰机由接收机、干扰发射机、终端机、控制器、调制器等组成,其简单工作过程是:当接收机侦听到敌方信号后,通过终端机记录分析并确定出敌台的工作频率、调制方式、频谱宽度及其他相关参数,然后控制器利用调制器选择出最佳干扰方式,去调制干扰发射机的高频振荡信号,频率选择到相应位置上,最后通过发射天线将能量对准电台辐射出去。

按其产生的方法,在无线电通信对抗中人为干扰分为积极(有源)干扰和消极(无源)干扰。利用发射机发射或转发某种电磁波,以扰乱或欺骗敌方的电子接收设备,使其不能正常工作,称为积极干扰。消极干扰是利用本身并不产生电磁辐射的干扰物,有意识地改变敌方发射的电磁波传播情况,使其产生反射、折射或吸收。我们通常谈到的无线电通信干扰,是指积极干扰。无线电通信积极干扰,从战术性质考虑可以采用两种完全不同的手段,一是用干扰机发射某种干扰信号,以某种方式遮盖敌方信号频谱,使敌方通信接收机降低或完全失去正常工作能力。这是一种遮盖性的干扰,我们通常称压制性干扰。这种压制性干扰又可分为两种:其一,暴露性干扰。施放干扰时,通信方能发觉受到人为干扰。例如,用强功率干扰机破坏敌方的通信联络队,干扰强度很大,敌方已明显察觉遭受到人为干扰。因此,干扰一方已暴露,称暴露性干扰。其二,隐蔽性干扰。施放干扰时,通信已遭到破坏,但通信方并未发觉。例如,用杂音调频波干扰敌方调频话音通信时,信号受到压制,但与无信号时接收终端输出的内部杂音相同,而误认为对方未发出信号,实际上信号已被干扰,因而称隐蔽性干扰。二是模拟性干扰或迷惑性干扰,我们通常称欺骗性干扰。它是有意识地通过模仿敌方的通信信号,把模拟的假信号"送进"敌方的通信网,造成敌通信失误或行动的错误。通常,欺骗性干扰是有计划有组织地进行的。对于压制性干扰,还有其他不同的划分形式,如从干扰的频谱特点来看,可分为单频、多频、瞄准式、阻塞式、扫频式干扰等;从波形连续上分又可分为连续波干扰和噪声间断式干扰。欺骗性干扰的作用原理是:采用假的目标和信息作用于接收机的目标检测和跟踪系统,使接收机不能正确地检测真正的目标或者不能正确地测量真正目标的参数信息,从而达到迷惑和扰乱接收机对真正目标检测和跟踪的目的。欺骗式干扰巧妙地利用敌方的无线电通信信道工作的间隙,发射与敌方通信信号参数和特征相同的携带虚假信息的假信号,用以迷惑、误导和欺骗敌方。欺骗式干扰是利用伪装迷惑敌人,以达到扰乱敌方通信,使其采取错误行动的目的,具有方法简便、有一定隐蔽性的特点。其目的是使敌方对其通信接收系统收到的信息做出错误的判断。通常欺骗性干扰是作为军事欺骗行动的一部分实施的,极少单独实施。

欺骗性干扰,分为无线电通信冒充和无线电通信干扰伪装。

(1) 无线电通信冒充。冒充就是模拟敌方无线电通信的特点,以一定的方式(技巧、手法等)或行为,冒充敌方无线电通信网中某一台站,与该网内其他台站进行通信联络。实施无线电通信冒充,既可骗取敌方的作战命令、指示或情况报告等重要信息,使其行动企图暴露,也可借机向敌力传递各种欺骗性信息,造成其行动和判断的错误。

(2) 无线电通信干扰伪装。伪装欺骗是通过改变己方电磁"形象"实施的,它力图变换己方电磁发射,以对付敌方通信侦察活动。其实现的方法是改变技术特征和变更可能暴露己方真实意图的电磁"形象",或故意发射虚假信息。这种采取示假隐真方式达成欺骗之目的,使敌方对通信侦察获取的情报真假难分。

欺骗性干扰不仅仅限于上述两种方式,出于电子装备的不断更新,欺骗性干扰已逐步向更高的方向发展,如角度欺骗、距离欺骗和假目标欺骗等。

对于干扰信号,如果按调制方法来分类,又可以划分为如下几类。

(1) 键控干扰。信号是未经任何调制的单一频率信号(正弦波),通常使用手工键或自动键控将干扰信号发射出去,主要用于干扰振幅键控和频率键控的听觉无线电报(音响电报)和视觉印字无线电报的通信系统。

(2) 音频杂音调制干扰。音频杂音调制干扰是运用某种信号(如音频、杂音)调制干扰发射机载波所形成的干扰,具体有调幅干扰、调频干扰和调相干扰。主要用来压制各种工作方式的无线电通信,特别是用来干扰无线电话、传真电报等。

(3) 脉冲干扰。脉冲干扰是利用干扰机发射一系列脉冲信号或类似于被干扰设备的脉冲信号而形成的干扰,这类脉冲信号可以是已调制的或未调制的高频脉冲。这种干扰的特点是作用时间短促、脉冲功率大,通常用于干扰脉冲信号通信或数字通信。

(4) 纯噪声干扰。纯噪声干扰又称随机干扰,干扰信号是由射频噪声源直接产生的起伏噪声经放大而形成的干扰。

如果按作用强度可分为如下几类。

(1) 压制性干扰。干扰信号强度大大超过被干扰信号的强度,使敌方在被干扰的频率上不能通信,失真度超过 50%,一般叫做干扰强度 3。

(2) 强干扰。使用较强的干扰功率对敌方通信进行干扰,干扰信号强度等于或超过被干扰信号强度,使敌方在被干扰的频率上通信困难,失真度达 15%～20%,一般叫做干扰强度 2。

(3) 弱干扰。发射较小的干扰功率对敌方的通信进行干扰,在敌方接收机的输入端干扰强度小于信号强度,使其接收比较困难,但对其通信形不成完全压制,失真度不超过 3%～5%,一般叫做干扰强度 1。

按辐射方向可分为如下几类。

(1) 强方向性干扰。干扰辐射方向小于 60°,干扰功率集中。

(2) 弱方向性干扰。干扰辐射方向为 60°～180°,干扰功率较分散。

(3) 无方向性干扰。对所有方向都有辐射的干扰。

按频率或波段分为如下几类。

(1) 超长波、长波、中波通信干扰,干扰信号的频率低于 3 MHz 以下。

(2) 短波通信干扰,干扰频率 3～30 MHz,干扰机一般采用瞄准式干扰。

(3) 超短波通信干扰,干扰频率 30～300 MHz,干扰机大多采用阻塞式干扰。

(4) 微波通信干扰,干扰频率 300 MHz～3 000 GHz 的通信干扰。

综上所述,在无线电通信干扰中,压制性干扰比欺骗性干扰在技术上更能反映干扰的特点。

压制性干扰就是在敌方通信的频率上发射功率强大的干扰信号,以压制敌方的通信信号,使敌通信接收机无法正常地工作,破坏敌方的有效通信。一般压制性干扰是从干扰信号的频谱特点上来划分的,如瞄准敌方某一特定通信工作频率施放干扰,破坏其通信,这种方式称为瞄准式干扰;能同时干扰一个频段范围内的不同工作频率的多部电台,称为阻塞式干扰。此外,还有介于两者之间的半瞄准式干扰,以及扫频式干扰、跟踪转发式干扰、单频/多频干扰等。下面详细介绍这几种干扰。

(1) 瞄准式干扰

① 瞄准式干扰原理

瞄准式干扰是指干扰的载频,即干扰的中心频率与信号频率重合,干扰和信号的频谱宽度基本相同。例如,甲台发报文给乙台,干扰的作用是使乙台收不到或听不清甲台发来的报文。于是,瞄准式干扰所辐射的窄带频谱,就必须与甲台所发信号的频带基本相同,并与甲台所发信号同时进入乙台接收机的选择电路。

② 瞄准式干扰的分类

• 断续干扰。它是利用干扰方断续地对敌施放干扰,然后利用侦听引导台在干扰停止间隙对敌台进行监视的一种干扰方法。断续干扰其实是一种侦控干扰,其干扰时间应与敌台发信时间基本同步,在敌台信号消失时停止干扰,并随时监视被干扰方的动向。因此,断续干扰具有便于监视敌台动向,便于提高干扰效果的特点。

• 连续干扰。干扰方对敌无线电通信持续施放较长一段时间干扰的方法。这种干扰可使敌台通信在一段时间内处于瘫痪,施放连续干扰时,引导台和干扰方是无法监听到被干扰方的动向的。所以连续干扰通常用于对敌台工作情况熟悉或敌台采用特定的工作方式,否则将适得其反。施放连续干扰时,应注意干扰时间不宜过长,同时注意对敌方进行监视和侦察,以便敌方一旦改频,能及时发现,迅速查明,重新干扰。

• 自动干扰。干扰方的自动装置使干扰机自动对敌方通信施放干扰,干扰信号的启止与敌台通信信号的出现和消失同步。

• 试探性干扰。干扰方对可疑电台信号施放短暂的干扰,迫使其呼叫或会话,为获取判断敌方的依据创造有利条件。在短波波段的无线电通信中,电台功率较大,工作频带(3~30 MHz)很窄,天线方向性不强,因此,要对整个短波波段的无线电通信实施阻塞式干扰,势必要有很大功率的干扰机,这在制作上有困难,在战术使用上也很不方便,还会影响到己方的短波通信。所以,对短波通信的干扰方式,通常采用瞄准式干扰,只有在少数情况下,对小功率战术短波电台,在一定频带内才施放阻塞式干扰。瞄准式干扰的功率集中,干扰频带较窄,干扰能量全部用来压制敌方的通信信号,干扰功率利用率高,干扰效果好,但要求频率重合度好,对干扰机性能要求高,且要求有引导干扰频率的侦察部分。在实施瞄准式干扰时,通常每个干扰频率对准相应的一个通信信号频率实施干扰,且单机干扰多目标的能力在外军已逐渐被广泛地应用。例如,俄军 P-378 短波通信干扰机,P-330 超短波通信干扰机,可分别实现一部干扰机同时干扰 4 个或 3 个不同信道的信号。一般情况下瞄准式干扰在短波波段用于压制敌方重要作战部队的指挥通信以及前沿分队的重要通信。

(2) 阻塞式干扰

① 阻塞式干扰的原理

阻塞式干扰又称拦阻式干扰,其干扰辐射的频谱很宽。通常能覆盖敌方通信台站的整个工作频段。阻塞式干扰的基本原理是发射带宽远大于接收机选通器带宽的干扰信号,达到阻止接收机接收有用信号的目的。由于阻塞式干扰带宽 Δf 相对较宽,对频率引导精度的要求低,频率引导设备简单。其缺点是在 Δf 内干扰功率密度低,且阻塞式干扰对己方的电磁通信和电子支援措施也会产生影响。

② 阻塞式干扰的分类

阻塞式干扰是用于干扰一个频段内多个信道的宽带干扰,按其频谱分为连续阻塞式干扰和梳状阻塞式干扰。阻塞带宽内,连续阻塞式干扰在整个频段内发射干扰信号,同时压制该频段内的通信信号,频谱是均匀分布的;梳形阻塞式干扰是干扰频带呈梳形,仅落入这些频带内的通信信号受干扰,干扰频带可为固定的或移动的。在运用梳状阻塞式干扰时,必须使“梳齿”与目标信号的频谱相重合,为此,需要预先侦察知道被干扰信号的信道间隔。如果信道间隔与相邻“梳齿”的间隔不一致,或信号频谱与“梳齿”不能重合,应采用连续式干扰。对于超短波通信,由于频率较高(30~300 MHz),其功率通常都较小,通信距离也较近,在一个不大的地域内就有很多的超短波通信链路。因此,对超短波通信的干扰,一般均采用阻塞式干扰;只有对重点方向的最重要的超短波通信,才施放瞄准式干扰。目前超短波战术电台一般都以话音为主,所以干扰这类电台的干扰信号一般用低频噪声,当采用梳状阻塞式干扰时,噪声频谱一般为20~1 000 Hz;当采用连续阻塞式干扰时,噪声频谱一般为20~2 500 Hz。

③ 阻塞式干扰的优缺点

阻塞式干扰的优点是无须频率重合设备,也不要引导干扰的侦察设备,设备相对简单,能同时压制频带内多个通信台站,但其缺点一是干扰功率分散且效率不高;二是在施放阻塞式干扰时,落入其频带内的己方通信信号也将受到干扰。阻塞式干扰主要用于压制敌方不甚重要的战术分队无线电通信。目前各国战术分队用的大都是超短波通信台站,故阻塞式干扰机多是工作在超短波范围内。

（3）半瞄准式干扰

半瞄准式干扰与瞄准式干扰相比,频率重合的准确度较差,即干扰信号频谱与通信信号频谱未完全重合,通常干扰信号的频谱比被压制的敌方通信信号频带宽度宽一些。干扰频谱能全部或绝大部分通过敌方接收机的频率选择回路,虽然与敌方信号的频谱不一定重合或频率重合度不高,但也能形成一定程度的干扰。由于半瞄准式干扰功率不集中,利用率低,只有特殊情况下使用。如敌方信号出现时间短,来不及瞄准,或者对有的通信方式来说不需要准确的频率重合也能取得较好的干扰效果等。

（4）扫频式干扰

扫频干扰是基于瞄准式干扰和阻塞式干扰两种方式的一种综合,指干扰发射机的载频在较宽的频段内按照一定的速度、一定的带宽和一定的扫频顺序陆续扫过所有的频率信号而连续变化所形成的干扰。扫频式干扰系统是自动化程度较高的干扰系统,对预干扰信道（频率）,通过提前预置的方式进行存储,并在一定的频段范围内反复扫描,当被预置信道（频率）的信号出现时,便可自动随机干扰。它具有干扰反应时间短、机动中仍可进行干扰、管理方式自动化等特点。如法国的"狐狸"系统、英国的"雄鹰"和"神鹰"系统,可分别预置10信道/站、16信道/站和16信道/站等。扫频式干扰信号可由锯齿波以及一定带宽的窄带干扰信号共同控制压控振荡器来产生,锯齿波使得压控振荡器的频率随其幅度变化,在时域上具体表现在其频率连续变化,再用窄带干扰信号控制压控振荡器,即可得到扫频干扰信号。

（5）跟踪转发式干扰

跟踪转发式干扰主要针对的是跳频通信系统,它是通过对敌方跳频通信信号的侦察、处理、提取跳频信号的瞬时频率、信号功率等参数,然后发射一个与跳频通信信号相同频率的干扰信号,必须使干扰信号在跳频信号驻留期间到达敌方接收机,并且干扰信号应该具有最佳干扰信号形式。这需要电子支援设备能够快速的获取跳频信号的时频特性,且干扰机能够快速反应,发射相应的干扰信号。因为跟踪式干扰及跳频通信体制的特殊性,要使干扰有效,跟踪式干扰机与敌方接收机、发射机在几何配置上必须满足一定的关系,跟踪转发式干扰机的处理时间越小,有效干扰的时间就越长,干扰效果越好。所以对于跟踪式干扰机来说,除了干扰机、通信机几何配置上要满足一定条件外,干扰机的侦察处理时间也是决定干扰效果好坏的重要因素之一。

1.2.2 抗干扰技术

对于前面描述的几种干扰类型,如阻塞式干扰、瞄准式干扰、单频/多频干扰、间断式干扰、跟踪转发式干扰等,随着信息战技术和装备的发展,作为网络化、信息化战场神经中枢的通信网络系统也发生了明显的变化,通信频带不断加宽,保密措施越来越完善,反侦察、抗干扰能力不断加强。为了迎接通信对抗新的挑战,各国不断加强通信干扰技术攻关和装备研制,从而衍生了一些新的干扰技术和方法,使得通信对抗作战手段更为丰富,作战空域和作战对象更为广泛。这里主要阐述通信干扰技术的现状和发展趋势。因为干扰和抗干扰两个对立面的不断发展,在长期的研究中,针对电子对抗领域中不断出现的各种干扰手段,相应地也提出了许多抗干扰的方法,一般可将它们分为频率域、时间域、空间域以及数字信号处理等。

频率域采用频率域处理,以扩展频谱(简称扩频)通信技术为主,如直扩、跳频、跳扩结合等。它的通信原理是在发射端采用高速伪随机编码调制信息,实现频谱扩展后再传输,接收端采用同样的编码进行解扩和解调。频域抗干扰通信体制具有很强的抗各种外来人为干扰和多径干扰能力;可以采用码分复用实现多址;功率谱密度很低,有利于信号隐蔽和保密等。正是由于具有这些优点,扩频通信特别适用于军事通信,已成为现代通信抗干扰领域中最重要的发展方向之一。

时间域采用时间域处理,如瞬时通信,也称猝发通信,这是潜艇通信常用的方法。先进行信息压缩,然后以很短的时间发送出去。由于通信信号在传输过程中暴露的时间很短暂,敌方侦测出信号的难度极高,因此这种通信是一种非常有效的抗干扰措施。因为受到信道条件的限制,采用猝发通信方式的通信系统主要为信息传输速率不高、实时性要求低的通信系统。所以其特点为:隐蔽性好,抗干扰能力强,信息速率低,延时大,非实时业务。另外还有一种跳时通信,基本是一个 TDM 或 TDMA 系统,时隙不用满,按某种跳时图案在各个时隙上进行跳时,有一定的隐蔽性和抗干扰性,但是目前使用不多。

空间域采用空间域处理,如定向天线,天线波束越窄,电波隐蔽性好,抗干扰性也强;自适应调零天线,利用相控阵天线原理,在干扰源方向形成波束的零点;利用数字信号处理技术对干扰信号进行识别和检测;利用自适应技术自动调整天线波束的零点指向,使干扰信号最小。但是其不足是在零点方向会形成盲区,影响这个区域内用户的正常通信。

其他数字处理,如干扰抵消、纠错编码等。纠错编码的方法种类繁多,主要有 3 种:反馈纠错、前向纠错(FEC)和反馈前向纠错。纠错编码技术的抗干扰能力是通过增加信息冗余度,降低单位比特信息量为代价的,因此在实际中往往与其他抗干扰体制综合运用。

近些年来,为应对通信干扰,已经出现许多成熟的无线通信抗干扰技术,例如,实时选频、高频自适应、跳频技术、扩频等,下面将详细介绍这几种技术。

(1)实时选频技术

在实时选频系统中,通常把干扰水平的大小作为选择频率的一个重要因素。所以由实时选频系统所提供的优质频率,实际上已经躲开了干扰,可使系统工作在传输条件良好的弱干扰或无干扰的频道上。近年来出现的高频自适应通信系统,还具有"自动信道切换"的功能。也就是说,遇到严重干扰时,通信系统将作出切换信道的响应。

(2)高频自适应抗干扰技术

高频自适应是指高频通信系统具有适应通信条件变化的能力。在高频通信系统中可以有各种类型的自适应,如频率自适应、功率自适应、速率自适应、分集自适应、自适应均衡和自适应调零天线等。但是改善高频无线电通信质量、提高可通率的最有效的途径是实时地选频和换频,使通信线路始终工作在传播条件良好的弱噪声信道上。所以一般来说高频自适应就是指频率自适应。

(3)高速跳频技术

跳频通信就是针对传统无线电通信的弊端,使原先固定不变的无线电发信频率按一定的规律和速度来回跳变。从抗干扰通信角度来看,跳频通信是靠载频的随机跳变来躲避干扰,将干扰排斥在接收信道以外来达到抗干扰的目的,避免敌方电台的测向和干扰。跳频通信技术在抗干扰通信方面的突出优势,使其在通信装备中得以广泛应用,并且成为超短波通信装备的主要抗干扰技术。对于跳频通信而言,跳速的高低直接反映跳频系统的性能,跳速越高抗干扰性能越好。提高跳速、扩展跳频带宽是跳频通信的发展方向。提高跳速可以防止敌方进行跟踪式干扰,跳频带宽的增加则直接提高了通信系统的抗干扰处理增益。如美国的军事星跳频速率大于 10 000 跳/秒,跳频带宽达到 2 GHz。

(4)扩频技术

通过扩频技术,可以把通信信号隐藏在噪声中,而且只要对功率进行有效的调整,就可对波状形的合成噪声实施编码和解码。作战中采用这种通信方式,敌方截获和探测的概率就大大降低,即使侦收到了,也很难对信号进行分析利用。同时,由于把通信信号淹没在噪声中,也解决了电磁干扰的问题。利用扩频技术,采用很宽的频带形成伪噪声通信,这对窄带干扰会有很强的抗干扰能力。不过由于频谱连续,寻找合适频带也是一个问题。

随着通信干扰这支"矛"的不断发展,无线通信抗干扰这面"盾"也需要不断发展,当前就涌现出很多新型抗干扰技术,为战场通信保障提供强有力的技术基础。下面介绍几种典型的新型抗干扰技术。

(1)超窄带(UNB)技术

近几年来,随着通信和信息技术的高速发展,人们提出了一些具有高度创新性的新概念和新技术,其中 UWB(超宽带)和 UNB(超窄带)无线通信系统格外引人注目。前者从概念的提出到实用系统的研制已经初见成效,在军事上已经得到了应用;而后者的研究还刚刚起步。对于军事通信,超窄带技术大有用武之地。在数据率相同的情况下,采用 UNB 技术,信号能量被浓缩在很窄的频带里,从而大大增加了抗干扰能力。UNB 通信技术特别适用于中长波通信系统。地下通信和对潜通信必须采用 VLF、LF 波段,其主要缺点是频率低、带宽窄、传输速率极低。采用 UNB 通信系统恰恰可以化被动为主动,只需要极小的带宽就可以传输几十 kbit/s 的数据,极大地提高了中长波通信的传输效率,UNB 技术一旦成熟,其应用前景无可估量。

(2)多入多出(MIMO)技术

MIMO 无线传输技术是通信领域的一项重要技术突破,近年来引起了人们的广泛关注与研究兴趣。MIMO 技术是指在发射端通过多个发射天线传送信号,在接收端使用多个接收天线接收信号的无线通信技术,目前理论已经证明应用 MIMO 技术能极大地提高无线通信系统的性能和容量。将 MIMO 技术与 OFDM、时空编码相结合,就能同时实现空间分集、频率分集和时间分集。这样就能在空域、频域和时域上实现抗干扰。由于 MIMO 通信系统提供的信道容量很大,这就为数据率提供了一个很大的变化范围,因此在速度域上也能实现抗干扰。但是,将 MIMO 技术应用到通信抗干扰中还有大量问题需要研究,比如 MIMO 通信抗干扰信道模型、天线配置、功率分配、信号检测、空时编码等。

（3）虚拟智能天线技术

智能天线技术是近年来最先进的通信技术之一。一个智能天线可同时抑制来自不同方向的多个敌方干扰,使信号干扰比提高几十 dB。智能天线抗干扰的有效性不亚于一部抗干扰电台。虚拟智能天线则是利用或借用在同一地域内工作的其他同类通信装备天线之间的相互作用,实现类似智能天线的功能,以加强本天线接收端的信干比,提高抗干扰性能。也可以理解为将本地域内所有同类通信装备的物理天线组成一个虚拟智能天线网,其机理不同于 MIMO 系统的多天线发送和多天线接收技术。实现虚拟智能天线的关键在于多通道信号处理和多通道信号交互。智能天线技术已相对成熟;随着数字信号处理技术、智能天线技术的发展,一个终端同时接收和发射多个信号已成为可能;在蜂窝移动通信中,目前的技术已经能够实现基站与移动站之间的相互控制。这些技术为虚拟智能天线的研究提供了很好的基础。

（4）智能组网技术

智能组网技术是指抗干扰通信网系可以自动感知电磁环境,对受干扰程度作出分析判断,实时调整通信系统的网络结构。例如,在卫星通信系统中,对于空间传输网路,建立多种路由传输方案。当系统受到不可抵御的强干扰时,主动关闭某些传输通道减少系统承载信息量,根据优先级别,优先将重要信息迂回到其他路径进行传输。当干扰分析与识别设备发现干扰消除时,能自动恢复到正常工作状态。智能组网技术是面向通信过程和网络系统的,它可以最大限度地利用现有的通信资源,提高通信系统的抗干扰能力和生存能力。

（5）软件无线电技术

近年来,随着软件无线电技术的出现和发展,为综合抗干扰技术的实现提供了方向。在软件无线电中采用扩、跳频抗干扰技术,完全可以与时变技术相结合。此时扩、跳频的速率、范围、方式都可参量化根据不同的使用场合和干扰情况进行变化。一部设备可以做到既可单独跳频工作,也可直扩方式工作,还可跳频与直扩混合方式工作,这样将大大增强通信系统的抗干扰能力。软件无线电技术可以应用到其他抗干扰技术中,例如,智能一体化抗干扰终端技术。在数字化终端的基础上,利用软件无线电技术,中频以下部分用综合基带设备的通用硬件实现,各种电路功能均用软件算法模块实现,构成一个开放式的软件无线电平台。既可以在硬件不变的情况下,通过改变或下载软件,方便地改变其性能/功能,也可以在通过更换或增加部分处理模块,使其在投入不大的情况下使抗干扰终端功能和性能升级。通过软件无线电实现对抗干扰终端的重配置,可以以最少的通用硬件满足各种数据类型的需要。

（6）综合抗干扰技术

在电子战环境中,不仅单台通信设备要具有多种通信模式和抗多种干扰的能力,更重要的是整个通信系统和网络要具有综合抗干扰能力,能在系统网络的综合对抗中,在任何复杂环境下,迅速、可靠地传输信息。

在新一代的通信设备和系统中,仅采用基于信号处理的多种抗干扰措施,如跳频、扩频、混合扩频自适应干扰抑制、数据猝发、伪信号隐蔽、前向纠错等。这些措施又具有时变性,可以根据电子战的环境进行变化和组合,如跳频,可以随机变速率跳频、自适应跳频等。在军用移动无线通信系统中,中心台和移动台都使用全向天线。这样,干扰可如同信号那样从四面八方进入接收机。应用天线自动调零和方向性跟踪技术,就可抑制任何方向来的干扰或增强接收输入的信号干扰比。如果在跳频和多进制直扩结合接收的基础上再增加这种天线自适应抑制干扰,将为电台设备提供相当强的抗干扰能力。在战场上敌我双方在相同的通信频段内工作我方应能在进行抗干扰通信的同时,对敌方的地空、空空、地地通信产生干扰(称为"通中扰");我方在对敌方通信指挥系统实施干扰压制时,又能在同一频段中实现我方的通信(称为"扰中通")。"通中扰、扰中通"综合技术研究的目的是敌我双方的通信处于同一频带内的情况下,达到通信和干扰同时进行,实现通信、干扰一体化。在其总体方案中,利用综合控制技术、软件无线电技术和自适应干扰抑制技术,将各种抗干扰通信体制和通信干扰体制有机地结合起来,实现通信和干扰的协调统一;同时根据实战态势和战场环境选择最合适的通信和干扰方式,针对敌方的通信体制选择对这种通信的最有效的干扰措施;针对敌方的干扰体制,选择对这种干扰最好的抗干扰通信方式,使得通信和干扰都达到最佳的效果。研究这种抗干扰综合技术对保证正常的通信、解决通信侦察、通信干扰和通信指挥之间的矛盾,满足未来信息战争的需要有重大意义。

随着微电子技术、计算机技术、网络通信技术等信息技术的飞速发展,通信抗干扰技术发生巨大变化,尤其是军用通信,以低截获、数字化处理、网络化为主要特点,通用化、软件化、智能化、综合一体化发展。无线通信抗干扰技术的发展趋势概括如下。

① 采用新的抗干扰技术。为了满足未来的通信需要,将采用更多的新型抗干扰技术。

② 综合使用多种抗干扰技术。典型应用是跳频、直扩和跳时 3 种基本抗干扰体制的组合应用。

③ 向网络化抗干扰发展。智能组网技术在网络级就可以进行抗干扰。

从无线通信抗干扰技术的发展趋势来看,无线通信的抗干扰不再仅仅局限于信号处理的方向上,而是向多元化、综合抗干扰的方向发展。需要紧盯通信干扰这支"矛"的发展,并研发抗干扰这面"盾"特有的技术,才能够在未来的战场上抵抗通信干扰的进攻,保障战场通信的顺畅。

1.3 扩频通信的基本原理、工作方式、优点与应用

扩展频谱通信是指一种信息传输方式,其信号所占有的频带宽度远大于所传信息必需的最小带宽;频带的扩展是通过一个独立的码序列来完成,用编码及调制的方法来实现,与所传信息数据无关;在接收端则用同样的码进行相关同步接收、解扩及恢复所传信息数据。扩频通信的射频信号频带宽度可以扩展到信息信号频带宽度的数倍乃至数千倍。扩频通信可分为直接序列扩频、跳频、跳时等基本方式。经直接序列扩频方式扩频后的信息信号功率分散在很宽的频带内,隐蔽在噪声中,以隐蔽方式对抗通信中的干扰;经跳频方式扩频后的信息信号频率在较宽的频率范围内跳变,以躲避方式对抗通信中的干扰。

用扩频函数调制和对信号相关处理是扩频通信有别于其他通信的两大特点。扩频通信工作方式有以下几种。

(1) 直接序列扩频(Direct Sequence Spread Spectrum,DS-SS)。直接序列扩频是直接利用具有高码率的伪随机序列采用各种调制方式在发端扩展信号的频谱,而在收端用相同的伪随机序列去进行解码,把扩展宽的扩频信号还原成原始信息的扩频方式。

（2）跳频扩频（Frequency Hopping Spread Spectrum，FH-SS）。跳频的载频受一个伪随机码的控制，在其工作带宽范围内，其频率合成器按伪随机码的随机规律不断改变频率。在接收端，接收机的频率合成器受伪随机码控制，并保持与发射端的变化规律一致。跳频是载波频率在一定范围内不断跳变意义上的扩频，而不是对被传送信息进行扩频，不会得到直序扩频的处理增益。

（3）跳时扩频（Time Hopping Spread Spectrum，TH-SS）。跳时也可看成是一种时分系统，所不同的地方在于它不是在一帧中固定分配一定位置的时片，而是由扩频码序列控制的按一定规律跳变位置的时片。

（4）脉冲线性扩频（Chirp Spread Spectrum，Chirp-SS），简称切普扩频。发射的射频脉冲信号，在一个周期内其载频的频率作线性变化。因其频率在较宽的频带内变化，信号的带宽也被展宽了。由于这种线性调频信号占用的频带宽度远大于信息带宽，所以也是一种扩频调制技术。

扩频通信具有以下一系列优点。

（1）抗干扰能力强。能在干扰情况中，通过分散功率或跳频等方式完成信息传输，达到抗干扰的目的。

（2）低截获率。直接序列扩频的射频信号功率分散，淹没在噪声中；跳频信号的频率在较宽的频带内跳变，不易被敌方截获。

（3）可用做码分多址通信。在通信网中，采用不同的码序列作为地址码，发信端根据接收端的地址码选择通信对象。

（4）抗多径干扰。在无线电通信的各个频段，短波、超短波、微波和光波中存在大量的多径干扰。一般方法是采用分集接收技术，或设法把不同路径的不同延迟信号在接收端从时间上对齐相加，合并成较强的有用信号，这两种基本方法在扩频通信中都很容易实现。

（5）适合数字话音和数据传输，以及开展多种通信业务。扩频通信一般都采用数字通信、码分多址技术，适用于计算机网络，适合于数据和图像传输。

（6）安装简便，易于维护。扩频通信设备是高度集成，采用了现代电子科技的尖端技术。因此，十分可靠、小巧，大量运用后成本低，安装便捷，易于推广应用。

（7）有一定的保密性。尤其是跳频通信以其良好的抗干扰能力和多址性能引起了人们的很大重视，目前正处在大量涌向军事用户市场的浪潮上。

扩频通信的应用：为了满足日益增长的民用通信容量的需求和有效地利用频谱资源，各国都纷纷提出在数字蜂窝移动通信、卫星移动通信和未来的个人通信中采用扩频技术，扩频技术已广泛应用于蜂窝电话、无绳电话、微波通信、无线数据通信、遥测、监控、报警等系统中。在我国已经广泛应用于电信、移动、金融、证券、税务、电力、公安、水利、交通、油田、卫生、广电等部门。

扩展频谱通信技术理论基础

2.1 扩频通信技术理论基础

通信理论和通信技术的研究,是围绕着通信系统的有效性和可靠性这两个基本问题展开的,所以有效性和可靠性是设计和评价一个通信系统的主要性能指标。

通信系统的有效性,是指通信系统传输信息效率的高低。这个问题是讨论怎样以最合理、最经济的方法传输最大数量的信息。在模拟通信系统中,多路复用技术可提高系统的有效性。显然,信道复用程度越高,系统传输信息的有效性就越好。在数字通信系统中,由于传输的是数字信号,因此传输的有效性是用传输速率来衡量的。

通信系统的可靠性,是指通信系统可靠地传输信息。由于信息在传输过程中受到干扰,收到的信息与发出的信息并不完全相同。可靠性就是用来衡量收到信息与发出信息的符合程度。因此,可靠性决定于系统抵抗干扰的性能,也就是说,通信系统的可靠性决定于通信系统的抗干扰性能。在模拟通信系统中,传输的可靠性是用整个系统的输出信噪比来衡量的。在数字通信系统中,传输的可靠性是用信息传输的差错率来描述的。

扩展频谱通信由于具有很强的抗干扰能力,首先在军用通信系统中得到了应用。近年来,扩展频谱通信技术的理论和应用发展非常迅速,在民用通信系统中也得到了广泛的应用。

扩频通信是扩展频谱通信的简称。我们知道,频谱是电信号的频域描述。承载各种信息(如语音、图像、数据等)的信号一般都是以时域来表示的,即信息信号可表示为一个时间的函数 $f(t)$。信号的时域表示式 $f(t)$ 可以用傅里叶变换得到其频域表示式 $F(f)$。频域和时域的关系由下式确定:

$$\left. \begin{array}{l} F(f) = \int_{-\infty}^{\infty} f(t) \mathrm{e}^{-\mathrm{j}2\pi ft} \mathrm{d}t \\ f(t) = \int_{-\infty}^{\infty} F(f) \mathrm{e}^{\mathrm{j}2\pi ft} \mathrm{d}f \end{array} \right\} \tag{2-1}$$

函数 $f(t)$ 的傅里叶变换存在的充分条件是 $f(t)$ 满足狄里赫莱(Dirichlet)条件,或在区间 $(-\infty, +\infty)$ 内绝对可积,即 $\int_{-\infty}^{\infty} |f(t)| \mathrm{d}t$ 必须为有限值。

扩展频谱通信系统是指待传输信息信号的频谱用某个特定的扩频函数(与待传输的信

息信号 $f(t)$ 无关)扩展后成为宽频带信号,然后送入信道中传输;在接收端再利用相应的技术或手段将其扩展的频谱压缩,恢复为原来待传输信息信号的带宽,从而达到传输信息的通信系统。也就是说在传输同样信息信号时所需要的射频带宽,远远超过被传输信息信号所必需的最小的带宽。扩展频谱后射频信号的带宽至少是信息信号带宽的几百倍、几千倍甚至几万倍。信息已不再是决定射频信号带宽的一个重要因素,射频信号的带宽主要由扩频函数来决定。

由此可见,扩频通信系统有以下两个特点。

(1) 传输信号的带宽远远大于被传输的原始信息信号的带宽。

(2) 传输信号的带宽主要由扩频函数决定,此扩频函数通常是伪随机(伪噪声)编码信号。

以上两个特点有时也称为判断扩频通信系统的准则。

扩频通信系统最大的特点是其具有很强的抗人为干扰、抗窄带干扰、抗多径干扰的能力。这里,我们先定性地说明一下扩频通信系统具有抗干扰能力的理论依据。

扩频通信的基本理论根据是信息理论中香农的信道容量公式

$$C = B\log_2\left(1 + \frac{S}{N}\right) \tag{2-2}$$

式中,C 为信道容量,单位为 bit/s;B 为信道带宽,单位为 Hz;S 为信号功率,单位为 W;N 为噪声功率,单位为 W。

香农公式表明了一个信道无差错地传输信息的能力同存在于信道中的信噪比以及用于传输信息的信道带宽之间的关系。

对式(2-2)进行变换得

$$\frac{C}{B} = 1.44\ln\left(1 + \frac{S}{N}\right) \tag{2-3}$$

对于干扰环境中的典型情况,当 $\frac{S}{N} \ll 1$ 时,用幂级数展开式(2-3),并略去高次项得

$$\frac{C}{B} = 1.44\frac{S}{N} \tag{2-4}$$

$$B = 0.7C\frac{N}{S} \tag{2-5}$$

由式(2-4)和式(2-5)可看出,对于任意给定的噪声信号功率比 N/S,只要增加用于传输信息的带宽 B,就可以增加在信道中无差错地传输信息的速率 C。或者说在信道中当传输系统的信号噪声功率比 S/N 下降时,可以用增加系统传输带宽 B 的办法来保持信道容量 C 不变。或者说对于任意给定的信号噪声功率比 S/N,可以用增大系统的传输带宽来获得较低的信息差错率。

若 $N/S = 100(20\ \text{dB})$,$C = 3\ \text{kbit/s}$,则当 $B = 0.7 \times 100 \times 3 = 210\ \text{kHz}$ 时,就可以正常地传送信息,进行可靠的通信了。

这说明,在低信噪比的情况下增加信道带宽 B,信道仍可在相同的容量下传送信息。甚至在信号被噪声淹没的情况下,只要相应地增加信号带宽也能保持可靠的通信。如系统工作在干扰噪声比信号大 100 倍的信道上,信息速率 $R = C = 3\ \text{kbit/s}$,则信息必须在 $B = 210\ \text{kHz}$ 带宽

下传输，才能保证可靠的通信。

扩频通信系统正是利用这一原理，用高速率的扩频码来扩展待传输信息信号带宽的手段，来达到提高系统抗干扰能力的目的。扩频通信系统的带宽比常规通信系统的带宽大几百倍乃至几万倍，所以在相同信息传输速率和相同信号功率的条件下，具有较强的抗干扰的能力。

香农在其文章中指出，在高斯噪声干扰的情况下，在受限平均功率的信道上，实现有效和可靠通信的最佳信号是具有白噪声统计特性的信号。这是因为高斯白噪声信号具有理想的自相关特性，其功率谱密度函数为

$$S(f) = \frac{N_0}{2}, \quad -\infty < f < +\infty \tag{2-6}$$

对应的自相关函数为

$$R(\tau) = \int_{-\infty}^{\infty} S(f) e^{j2\pi f\tau} \, df = \frac{N_0}{2} \delta(\tau) \tag{2-7}$$

式中，τ 为时延，$\delta(\tau)$ 定义为

$$\delta(\tau) = \begin{cases} \infty, & \tau = 0 \\ 0, & \tau \neq 0 \end{cases} \tag{2-8}$$

白噪声的自相关函数具有 $\delta(\tau)$ 函数的特点，说明它具有尖锐的自相关特性。但是对于白噪声信号的产生、加工和复制，迄今为止仍存在着许多技术问题和困难。目前人们已经找到了一些易于产生又便于加工和控制的伪噪声码序列，它们的统计特性近似于或逼近于高斯白噪声的统计特性。

伪噪声序列的理论在本书以后的章节中要专门讲述，这里仅简略引用其统计特性，借以说明扩频通信系统的实质。

通常伪噪声序列是一周期序列。假设某种伪噪声序列的周期（长度）为 N，且码元 c_i 都是二元域 $\{-1,1\}$ 上的元素。一个周期（或称长度）为 N，码元为 c_i 的伪噪声二元序列 $\{c_i\}$ 的归一化自相关函数是一周期为 N 的周期函数，可以表示为

$$R(\tau) = R_c(\tau) * \sum_{k=-\infty}^{\infty} \delta(\tau - kN) \tag{2-9}$$

式中，$R_c(\tau)$ 为伪噪声二元序列 $\{c_i\}$ 一个周期内的表示式。

$$R_c(\tau) = \frac{1}{N} \sum_{i=1}^{N} c_i c_{i+\tau}$$

$$= \begin{cases} 1, & \tau = 0 \\ -\frac{1}{N}, & \tau \neq 0 \end{cases} \tag{2-10}$$

式中，$\tau = 0, 1, 2, 3, \cdots, N$。当伪噪声序列周期（长度）$N$ 取足够长或 $N \to \infty$ 时，式(2-10)可简化为

$$R_c(\tau) = \begin{cases} 1, & \tau = 0 \\ -\frac{1}{N} \approx 0, & \tau \neq 0 \end{cases} \tag{2-11}$$

比较式(2-7)和式(2-11)，看出它们比较接近，当序列周期（长度）足够长时，式(2-11)逼近式(2-7)。式(2-10)是自相关函数归一化的形式，乘周期 N 后是一般表达式，在一般表

达式中 $R(0)=N$。所以伪噪声序列具有和白噪声相类似的统计特性,也就是说它很接近于高斯信道要求的最佳信号形式。因此用伪噪声码扩展待传输信息信号频谱的扩频通信系统,优于常规通信系统。

哈尔凯维奇(A. A. Харкевич)早在 20 世纪 50 年代,就已从理论上证明:要克服多径衰落干扰的影响,信道中传输的最佳信号形式应该是具有白噪声统计特性的信号形式。采用伪噪声码的扩频函数很接近白噪声的统计特性,因而扩频通信系统又具有抗多径干扰的能力。

2.2 扩频通信系统工作原理

下面我们以直接序列扩频通信系统为例,来研究扩频通信系统的基本原理。图 2-1 给出了直接序列扩频通信系统的简化原理方框图。

由信源产生的信息流 $\{a_n\}$ 通过编码器变换为二进制数字信号 $d(t)$。二进制数字信号中所包含的两个符号的先验概率相同,均为 1/2,且两个符号相互独立,其波形图如图 2-2(a)所示,二进制数字信号 $d(t)$ 与一个高速率的二进制伪噪声码 $c(t)$ 的波形(如图 2-2(b)所示,伪噪声码作为系统的扩频码序列)相乘,得到如图 2-2(c)所示的复合信号 $d(t)c(t)$,这就扩展了传输信号的带宽。一般伪噪声码的速率 $R_c=1/T_c$ 是 Mbit/s 的量级,有的甚至达到几百 Mbit/s。而待传输的信息流 $\{a_n\}$ 经编码器编码后的二进制数字信号的码速率 $R_b=1/T_b$ 较低,如数字话音信号一般为 16～32 kbit/s,这就扩展了传输信号的带宽。

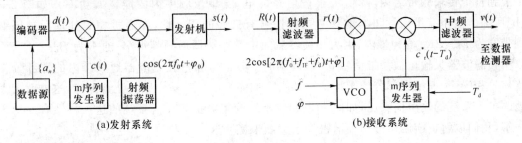

图 2-1 扩展频谱通信系统模型

频谱扩展后的复合信号 $d(t)c(t)$ 对载波 $\cos(2\pi f_0 t)$(f_0 为载波频率)进行调制(直接序列扩频一般采用 PSK 调制),然后通过发射机和天线送入信道中传输。发射机输出的扩频信号用 $s(t)$ 表示,其示意图如图 2-2(d)所示。扩频信号 $s(t)$ 的带宽取决于伪噪声码 $c(t)$ 的码速率 R_c。在 PSK 调制的情况下,射频信号的带宽等于伪噪声码速率的 2 倍,即 $R_{RF}=2R_c$,而几乎与数字信号 $d(t)$ 的码速率无关。以上对待传输信号 $d(t)$ 的处理过程就是对信号 $d(t)$ 的频谱进行扩展的过程。经过上述过程的处理,达到了对 $d(t)$ 扩展频谱的目的。

在接收端用一个和发射端同步的参考伪噪声码 $c_r^*(t-\hat{T}_d)$ 所调制的本地参考振荡信号 $2\cos[2\pi(f_0+\hat{f}_{IF}+\hat{f}_d)t+\hat{\varphi}]$($f_{IF}$ 为中频频率),与接收到的 $s(t)$ 进行相关处理。相关处理是将两个信号相乘,然后求其数学期望(均值),或求两个信号瞬时值相乘的积分。

当两个信号完全相同时(或相关性很好),得到最大的相关峰值,经数据检测器恢复出发射端的信号 $d'(t)$。若信道中存在着干扰,这些干扰包括窄带干扰、人为瞄准式干扰、单频干扰、多径干扰和码分多址干扰等，它们和有用信号 $s_1(t)$ 同时进入接收机，如图 2-3(a)所示。图 2-3 中，R_c 为伪噪声码速率，f_0 为载波频率，f_{IF} 为中频频率。

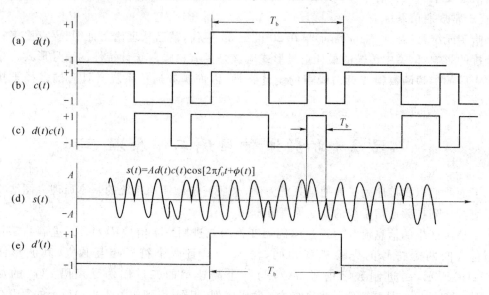

图 2-2　理想扩展频谱系统波形示意图

　　由于窄带噪声和多径干扰与本地参考扩频信号不相关，所以在进行相关处理时被削弱，实际上干扰信号和本地参考扩频信号相关处理后，其频带被扩展，也就是干扰信号的能量被扩展到整个传输频带之内，降低了干扰信号的电平（单位频率内的能量或功率），如图 2-3(b)所示。由于有用信号和本地参考扩频信号有良好的相关性，在通过相关处理后被压缩到带宽为 $B_b=2R_b$ 的频带内，因为相关器后的中频滤波器通频带很窄，通常为 $B_b=2R_b$，所以中频滤波器只输出被基带信号 $d'(t)$ 调制的中频信号和落在滤波器通频带内的那部分干扰信号和噪声，而绝大部分的干扰信号和噪声的能量（功率）被中频滤波器滤除，这样就大大地改善了系统的输出信噪比，如图 2-3(c)所示。为了对扩频通信系统的这一特性有一初步了解，我们以解扩前后信号功率谱密度示意图来说明这一问题。

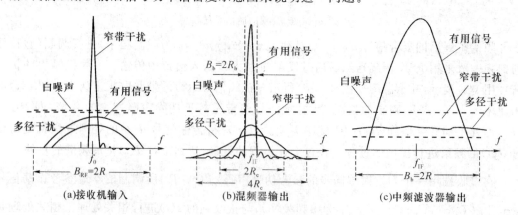

图 2-3　扩频接收机中各点信号的频谱示意图

　　假设有用信号的功率为 $P_1=P_0$，码分多址干扰信号的功率为 $P_2=P_0$，多径干扰信号的功率为 $P_3=P_0$，其他进入接收机的干扰和噪声信号功率为 $N=P_0$。再假设所有信号的功

率谱是均匀分布在 $B_{RF} = 2R_c$ 的带宽之内。解扩前的信号功率谱如图 2-4(a)所示,图中各部分的面积均为 P_0。解扩后的信号功率谱如图 2-4(b)所示,各部分的面积保持不变。通过相关解扩后,有用信号的频带被压缩在很窄的带宽内,能无失真地通过中频滤波器(滤波器的带宽为 $B_b = 2R_b$)。其他信号和本地参考扩频码无关,频带没有被压缩反而被展宽了,进入中频滤波器的能量很少,大部分能量落在中频滤波器的通频带之外,被中频滤波器滤除了。我们可以定性地看出,解扩前后的信噪比发生了显著的改变。

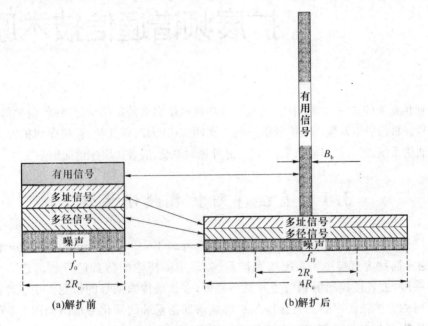

图 2-4 解扩前后信号功率谱密度示意图

第3章 扩展频谱通信技术原理

扩频通信系统的关键问题是在发信机部分如何产生宽带的扩频信号,在收信机部分如何解调扩频信号。根据通信系统产生扩频信号的方式,可以分为下列几种:直接序列扩展频谱系统、跳频扩频通信系统、跳时扩频通信系统、线性脉冲调频系统、混合扩展频谱通信系统。

3.1 直接序列扩展频谱系统

直接序列扩展频谱系统(Direct Sequence Spread Spectrum Communication Systems, DS-SS),通常简称为直接序列系统或直扩系统,是用待传输的信息信号与高速率的伪随机码波形相乘后,去直接控制射频信号的某个参量,来扩展传输信号的带宽。用于频谱扩展的伪随机序列称为扩频码序列。直接序列扩展频谱通信系统的简化方框图如图3-1所示。

在直接序列扩频通信系统中,通常对载波进行相移键控(Phase Shift Keying,PSK)调制。为了节约发射功率和提高发射机的工作效率,扩频通信系统常采用平衡调制器。抑制载波的平衡调制对提高扩频信号的抗侦破能力也有利。

在发信机端,待传输的数据信号与伪随机码(扩频码)波形相乘(或与伪随机码序列模2加),形成的复合码对载波进行调制,然后由天线发射出去。在收信机端,要产生一个和发信机中的伪随机码同步的本地参考伪随机码,对接收信号进行相关处理,这一相关处理过程通常称为解扩。解扩后的信号送到解调器解调,恢复出传送的信息。

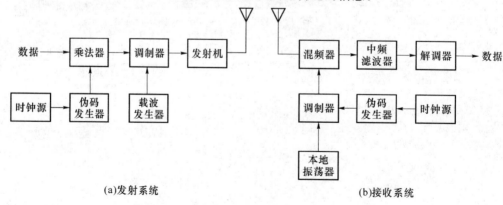

(a)发射系统　　　　　　　　　　　　　　(b)接收系统

图 3-1　直接序列扩频通信系统简化图

3.2 跳频扩频通信系统

跳频扩频通信系统是频率跳变扩展频谱通信系统(Frequecy Hopping Spread Spectrum Communication Systems,FH-SS)的简称,或更简单地称为跳频通信系统,确切地说应叫做"多频、选码和频移键控通信系统"。它是用二进制伪随机码序列去离散地控制射频载波振荡器的输出频率,使发射信号的频率随伪随机码的变化而跳变。跳频系统可供随机选取的频率数通常是几千到 2^{20} 个离散频率,在如此多的离散频率中,每次输出哪一个是由伪随机码决定的。频率跳变扩展频谱通信系统的简化方框图如图 3-2 所示。

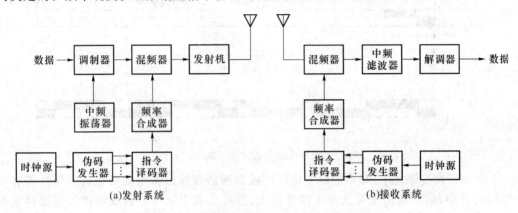

图 3-2 频率跳变扩频通信系统简化方框图

频率跳变扩频通信系统与常规通信系统相比较,最大的差别在于发射机的载波发生器和接收机中的本地振荡器。在常规通信系统中这二者输出信号频率是固定不变的,然而在跳频通信系统中这二者输出信号频率是跳变的。在跳频通信系统中发射机的载波发生器和接收机中的本地振荡器主要由伪随机码发生器和频率合成器两部分组成。快速响应的频率合成器是跳频通信系统的关键部件。

跳频通信系统发信机的发射频率,在一个预定的频率集内由伪随机码序列控制频率合成器(伪)随机地由一个跳到另一个。收信机中的频率合成器也按照相同的顺序跳变,产生一个和接收信号频率只差一个中频频率的参考本振信号,经混频后得到一个频率固定的中频信号,这一过程称为对跳频信号的解跳。解跳后的中频信号经放大后送到解调器解调,恢复出传输的信息。

在跳频通信系统中,控制频率跳变的指令码(伪随机码)的速率,没有直接序列扩频通信系统中的伪随机码速率高,一般为几十 bit/s～几 kbit/s。由于跳频系统中输出频率的改变速率就是扩频伪随机码的速率,所以扩频伪随机码的速率也称为跳频速率。根据跳频速率的不同,可以将跳频系统分为频率慢跳变系统和频率快跳变系统两种。

假设数据调制采用二进制频移键控调制,T_b 是一个信息码元比特宽度,每 T_b 秒数据调制器输出两个频率中的一个。每隔 T_c 秒系统输出信号的射频频率跳变到一个新的频率上。若 $T_c>T_b$,这样的频率跳变系统称为频率慢跳变系统。现举例说明频率慢跳变系统的工作过程,如图 3-3 所示。

图 3-3 中,$B_b=2/T_b$,$T_c=3T_b$,$B_{RF}=8B_b$。数据调制器根据二进制数据信号选择两个频率中的一个,即每隔 T_b 秒数据调制器从两个频率中选择一个。频率合成器有 8 个频率

$\{f_1,f_6,f_7,f_3,f_8,f_2,f_4,f_5\}$可供跳变,每传送 3 个比特后跳变到一个新的频率。该频率跳变信号在收信机中同本地参考振荡信号进行下变频,参考本振频率的集合为$\{f_1+f_{IF},f_6+f_{IF},f_7+f_{IF},f_3+f_{IF},f_8+f_{IF},f_2+f_{IF},f_4+f_{IF},f_5+f_{IF}\}$,下变频后的中频信号集中在频率为$f_{IF}$、宽度为$B_b$的频带中。

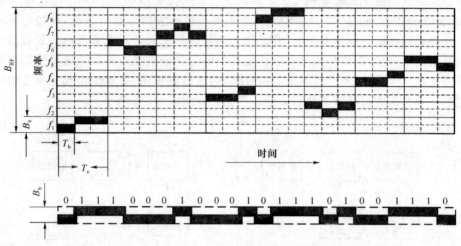

图 3-3　频率慢跳变系统频率跳变示意图

在频率慢跳变系统中,频率的跳变速度比数据调制器输出符号的变化速度慢。若在每个数据符号中,射频输出信号的频率跳变多次,这样的频率跳变系统就叫做频率快跳变系统。图 3-4 给出了频率快跳变系统输出射频信号的频率。

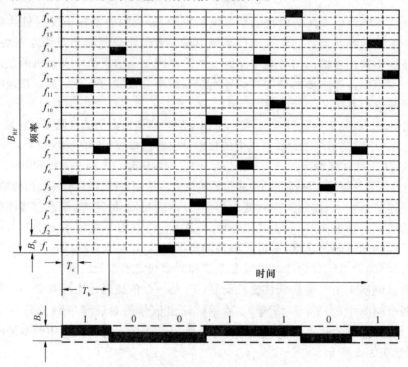

图 3-4　频率快跳变系统频率跳变示意图

在图 3-4 中，$T_c = T_b/3$，频率合成器有 16 个频率$\{f_5, f_{11}, f_7, f_{14}, f_{12}, f_8, f_1, f_2, f_4, f_9, f_3, f_6, f_{13}, f_{10}, f_{16}, f_{15}\}$，$B_b = 2/T_b$，$B_{RF} = 16B_b$。

3.3 跳时扩频通信系统

时间跳变也是一种扩展频谱技术，跳时扩频通信系统（Time Hopping Spread Spectrum Communication Systems，TH-SS）是时间跳变扩展频谱通信系统的简称，主要用于时分多址（TDMA）通信中。与跳频系统相似，跳时是使发射信号在时间轴上离散地跳变。我们先把时间轴分成许多时隙，这些时隙在跳时扩频通信中通常称为时片，若干时片组成一帧。在一帧内哪个时隙发射信号由扩频码序列去进行控制。因此，可以把跳时理解为：用伪随机码序列选择的多时隙时移键控。由于采用了窄得很多的时隙去发送信号，相对说来，信号的频谱也就展宽了。图 3-5 是跳时系统的原理方框图。

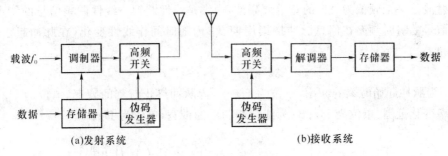

图 3-5 时间跳变扩频通信系统简化方框图

在发送端，输入的数据先存储起来，由扩频码发生器产生的扩频码序列去控制通-断开关，经二相或四相调制再经射频调制后发射。在接收端，当接收机的伪码发生器与发端同步时，所需信号就能每次按时通过开关进入解调器。解调后的数据也经过一缓冲存储器，以便恢复原来的传输速率，不间断地传输数据，提供给用户均匀的数据流。只要收发两端在时间上严格同步进行，就能正确地恢复原始数据。

跳时扩频系统也可以看成是一种时分系统，所不同的地方在于它不是在一帧中固定分配一定位置的时隙，而是由扩频码序列控制的按一定规律跳变位置的时隙。跳时系统能够用时间的合理分配来避开附近发射机的强干扰，是一种理想的多址技术。但当同一信道中有许多跳时信号工作时，某一时隙内可能有几个信号相互重叠，因此，跳时系统也和跳频系统一样，必须采用纠错编码，或采用协调方式构成时分多址。由于简单的跳时扩频系统抗干扰性不强，很少单独使用，跳时扩频系统通常都与其他方式的扩频系统结合使用，组成各种混合方式。

从抑制干扰的角度来看，跳时系统增益甚少，其优点在于减少了工作时间的占空比。一个干扰发射机为取得干扰效果就必须连续地发射，因为干扰机不易侦破跳时系统所使用的伪码参数。

跳时系统的主要缺点是对定时要求太严。

3.4 线性脉冲调频系统

线性脉冲调频系统(Chirp)是指系统的载频在一给定的脉冲间隔内线性地扫过一个宽带范围,形成一带宽较宽的扫频信号,或者说载频在一给定的间隔内线性增大或减小,使得发射信号的频谱占据一个宽的范围。在语音频段,线性调频听起来类似于鸟的"啾啾"叫声,所以线性脉冲调频也称为鸟声调制。线性脉冲调频是一种不需要用伪随机码序列调制的扩频调制技术,由于线性脉冲调频信号占用的频带宽度远远大于信息带宽,从而也可获得较好的抗干扰性能。

线性脉冲调频是作为雷达测距的一种工作方式使用的,其基本原理如图 3-6 所示。线性脉冲调频信号的产生,可由一个锯齿波信号调制压控振荡器(VCO)来实现,如图 3-6(a)所示。

发射波是一个频偏为 ΔF 的宽带调频波,通常是线性调频。线性调频信号的特点是,发射脉冲信号的瞬时频率在信息脉冲持续周期 T_b 内随时间作线性变化,在脉冲起始和终止时刻的频差

$$\Delta F = |f_1 - f_2| \approx B_c \tag{3-1}$$

式中,f_1 为脉冲起始时刻的频率,单位为 Hz;f_2 为脉冲终止时刻的频率,单位为 Hz;ΔF 为瞬时频率变化范围,单位为 Hz;B_c 为线性调制后的带宽,单位为 Hz。

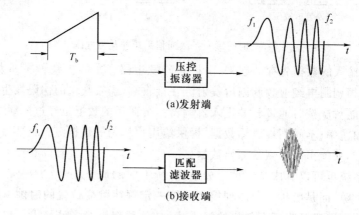

(a)发射端

(b)接收端

图 3-6　线性脉冲调频原理图

在脉冲持续时间 T_b 内,信号的瞬时频率为

$$f = f_0 + \frac{\Delta F}{T_b}t, \qquad -\frac{T_b}{2} \leqslant t \leqslant \frac{T_b}{2} \tag{3-2}$$

线性脉冲调频波的时域表达式为

$$s(t) = A\cos\left(2\pi f_0 t + \frac{\pi \Delta F}{T_b}t^2 + \varphi_0\right), \qquad -\frac{T_b}{2} \leqslant t \leqslant \frac{T_b}{2} \tag{3-3}$$

线性脉冲调频信号的接收解调可用匹配滤波器来实现,如图 3-6(b)所示。它是由色散延迟线构成的。这种延迟线对信号的高频成分延迟时间长,对低频成分延迟时间短,于是频率由高到低的载频信号通过匹配滤波器后,各频率成分几乎同时输出。这些信号成分叠加在一起,形成了脉冲时间的压缩,使输出信号幅度增加,能量集中,将有用信号检出。而与滤

波器不匹配的信号在时间上没有压缩,甚至反被扩展。这就完成了和直接序列扩频及跳频扩频系统类似的过程,从而获得输出信噪比改善的好处。色散延迟线或调频脉冲匹配滤波器压缩扫频信号,通常是线性压缩,压缩比为 $D = \Delta F T_b = T_b / \tau$。

3.5 混合扩展频谱通信系统

以上几种基本的扩展频谱通信系统各有优缺点,单独使用其中一种系统时有时难以满足要求,将以上几种扩频方法结合起来就构成了混合扩频通信系统。常见的有频率跳变-直接序列混合系统(FH/DS)、时间跳变-频率跳变混合系统(HF/TH)、时间跳变-直接序列混合系统(DS/TH)等,它们比单一的直接序列、跳频、跳时体制有更优良的性能。

(1)频率跳变-直接序列混合系统

频率跳变-直接序列混合系统可看做是一个载波频率作周期性跳变的直接序列扩频系统,其系统组成方框图如图3-7所示。

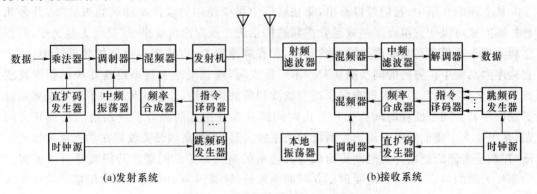

(a)发射系统　　　　　　　(b)接收系统

图 3-7　频率跳变-直接序列混合扩频系统方框图

采用这种混合方式能够大大提高扩频系统的性能,并且有通信隐蔽性好、抗干扰能力强、频率跳变系统的载波频率难于捕捉,便于适应于多址通信或离散寻址和多路复用等特点,尤其在要求扩频码速率过高或跳频数目过多时,采用这种混合系统特别有利。

(2)时间跳变-频率跳变混合系统

时间跳变-频率跳变混合系统特别适用于大量电台同时工作,其距离或发射功率在很大范围内变化,需要解决通信中远近效应问题的场合。

远近效应是指在同一工作区域内,同一系统中由于接收机对于不同发射机,电波传播的距离有远近之分,形成电波传播路径的衰减不同,近距离发射机发送来的信号场强要远大于远距离发射机发送来的信号场强。在接收机中强信号将对弱信号产生抑制作用,造成接收机不能很好地接收远距离发射机发送来的信号。

这种系统希望利用简单的编码作地址码,主要用于多址和寻址,而扩展频谱不是主要目的。

(3)时间跳变-直接序列混合系统

当直接序列系统中使用不同扩频码序列的数目不能满足多址或复用要求时,增加时分复用(TDM)是一种有效的解决办法。这既可以增加地址数,又可改善邻台干扰,组成所谓的时间跳变-直接序列混合扩频系统。时间跳变-直接序列混合扩频系统方框图如图 3-8 所示。

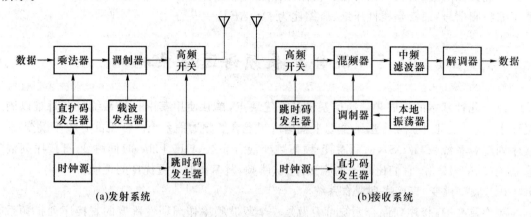

图 3-8　时间跳变-直接序列混合扩频系统方框图

从上面的介绍中,我们可以看出,除在通信中很少使用的线性脉冲调频方式外,其余几种扩频方式可以任意组合来组成混合扩频通信系统。从理论角度讲,这是毫无疑义的,但在工程实现上还是存在某些需要解决的问题,如在频率跳变-直接序列混合扩频系统中,由于直接序列系统中扩频码的同步捕获时间不可能太短,这就限制了频率跳变系统的频率跳变速率,而在频率跳变系统中很难保证跳变载波相位的连续性,这进一步增加了直接序列系统扩频码序列的同步捕获时间。又比如由时间跳变系统组成的混合扩频系统的高频开关问题,在图 3-8 中我们并没有画出发射机的功率放大器,若把高频开关放置在功率放大器的后面,存在是否能研制出开关时间短而载荷大功率的高频开关的问题。若把高频开关放置在功率放大器的前面,发射机的发射建立时间将加长,这是因为功率放大器输出信号的功率从无到有是需要时间的,能量的建立不可能在瞬间完成。

所以在设计具体系统时,要根据具体问题进行具体分析,而需要考虑的更多问题是工程上能否实现,一味追求高指标而不顾工程上实现的困难程度,很可能使得设计出的系统不是最合理或最优的。

扩频通信系统的性能分析

扩频通信系统的最大特点是其具有很强的抗干扰能力,进入接收机的干扰有:同一扩频系统中各地台站的信号(称之为多址干扰)及其他无线电系统发出的干扰,一般可把它们归类为带限平稳高斯随机过程;人为干扰(窄带瞄准式干扰、宽带阻塞式干扰和转发干扰)。当干扰信号瞄准扩展频谱系统的中心频率时,对直接序列系统的射频载波是最恶劣的干扰条件,宽带阻塞式和转发干扰则对频率跳变系统的危害较大;自然干扰(如雷电、飞行体和汽车的火花干扰等),它们可以归为广义平稳随机过程;此外还有多径衰落干扰等。

通常在衡量扩频系统抗干扰能力的优劣时,引入"处理增益 G_p"的概念来描述,其定义为接收机解扩(跳)器输出信噪功率比与接收机的输入信噪功率比之比,即

$$G_p = \frac{输出信噪功率比}{输入信噪功率比} = \frac{(S/N)_{out}}{(S/N)_{in}}$$

它表示经过扩频接收系统处理后,使信号增强的同时抑制输入到接收机的干扰信号能力的大小。处理增益 G_p 越大,则抗干扰能力越强。

4.1 抗广义平稳干扰的能力

我们首先分析广义平稳干扰对直接序列系统时的影响,具体通信模型如图 4-1 所示。

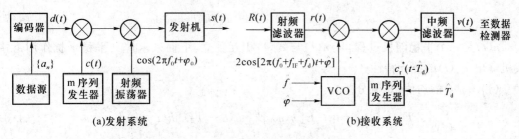

(a)发射系统   (b)接收系统

图 4-1　直接序列扩频通信系统模型

设进入接收机并通过射频滤波器后的信号为

$$r(t) = Ad(t - T_d)c(t - T_d)\cos[2\pi(f_0 + f_d)t + \varphi] + N(t) \tag{4-1}$$

式中, $d(t - T_d)$ 为信息码经过编码后的数字信号; $c(t - T_d)$ 为扩频码序列信号; A 为信号振幅; f_d 为多普勒频移; φ 为随机相移; T_d 为随机时延。

$N(t)$是进入接收机的干扰信号，设其为广义平稳随机过程

$$N(t) = n(t)\cos[2\pi(f_0 + f_d)t + \varphi] \tag{4-2}$$

式中，$n(t)$为基带干扰信号，是一个均值为零的平稳高斯噪声。

现在我们分析的是最不利的情况，即干扰信号与有用信号的载波同频且同相送入相关器。$N(t)$的功率谱密度函数为

$$S_N(f) = \frac{1}{4}\{S_n[f - (f_0 + f_d)] + S_n[f + (f_0 + f_d)]\} \tag{4-3}$$

式中，$S_N(f)$为$N(t)$的功率谱密度函数，单位为 W/Hz；$S_n(f)$为$n(t)$的功率谱密度函数，单位为 W/Hz；f_0为载波频率，单位为 Hz；f_d为多普勒频移，单位为 Hz。

假设干扰信号功率谱密度函数$S_N(f)$的带宽不超过射频滤波器的带宽B_{RF}（干扰信号带宽超过B_{RF}的分量被射频滤波器滤除，不能进入接收机），干扰信号$N(t)$与进入接收机的其他信号相互独立，其平均功率（均方值）为

$$E\{[N(t)]^2\} = \lim_{T \to \infty} \frac{1}{T}\int_{-T/2}^{T/2} [N(t)]^2 dt$$

$$= \frac{1}{2}E\{[n(t)]^2\} \tag{4-4}$$

根据 Parseval 定理，式(4-4)中$n(t)$的平均功率值为

$$E\{|n(t)|^2\} = \int_{-\infty}^{\infty} S_n(f)df \tag{4-5}$$

在图 4-1(b)的接收机数学模型中，设基带滤波器的冲激响应为$h(t)$，则干扰信号$N(t)$通过系统处理后，在基带（低通）滤波器的输出为

$$v_N(t) = \int_{-\infty}^{\infty} N(\alpha)c_r(\alpha - \hat{T}_d) \cdot 2\cos[2\pi(f_0 + \hat{f}_d)\alpha + \hat{\varphi}]h(t - \alpha)d\alpha$$

$$= \int_{-\infty}^{\infty} 2\{n(\alpha)\cos[2\pi(f_0 + f_d)\alpha + \varphi]\cos[2\pi(f_0 + \hat{f}_d)\alpha + \hat{\varphi}]c_r(\alpha - \hat{T}_d)h(t - \alpha)\}d\alpha$$

$$\tag{4-6}$$

假设二次谐波能被基带滤波器滤除，且系统已经取得同步，即$\hat{f}_d = f_d$，$\hat{\varphi} = \varphi$，$\hat{T}_d = T_d$，则式(4-6)可简化为

$$v_N(t) = \int_{-\infty}^{\infty} n(\alpha)c_r(\alpha - T_d)h(t - \alpha)d\alpha \tag{4-7}$$

$n(t)$是一个平稳随机过程，且$n(t)$与$c_r(t)$相互独立，下面来求广义平稳干扰作用下接收机输出$v_N(t)$的统计特性。

(1) $v_N(t)$的均值（直流分量）

$$E[v_N(t)] = \int_{-\infty}^{\infty} E[n(\alpha)]E[c_r(\alpha - T_d)]h(t - \alpha)d\alpha \tag{4-8}$$

因为已经假设$n(t)$是零均值的平稳过程，则

$$E[v_N(t)] = 0 \tag{4-9}$$

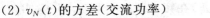

(2) $v_N(t)$ 的方差（交流功率）

$$D[v_N(t)] = E\{v_N^2(t) - E^2[v_N(t)]\}$$

$$= E\left\{\int_{-\infty}^{\infty} n(\alpha)c_r(\alpha - T_d)h(t-\alpha)d\alpha \int_{-\infty}^{\infty} n^*(\beta)c_r^*(\beta - T_d)h^*(t-\beta)d\beta\right\}$$

$$= \int_{-\infty}^{\infty}\int_{-\infty}^{\infty} E[n(\alpha)n^*(\beta)]h(t-\alpha)h^*(t-\beta)E[c_r(\alpha - T_d)c_r^*(\beta - T_d)]d\alpha d\beta$$

(4-10)

式中，$*$ 表示复共轭，由于是实函数，$n^*(t) = n(t)$，$c_r^*(t) = c_r(t)$，并令

$$R_n(\beta - \alpha) = E[n(\alpha)n(\beta)] \tag{4-11}$$

$$R_{c_r}(\beta - \alpha) = E[c_r(\alpha - T_d)c_r(\beta - T_d)] \tag{4-12}$$

$R_n(\tau)$ 是 $n(t)$ 的自相关函数，$R_{c_r}(\tau)$ 是扩频码 $c_r(t)$ 的自相关函数，这样干扰信号 $N(t)$ 在接收机的输出功率为

$$P_N = E[|v_N(t)|^2]$$

$$= \int_{-\infty}^{\infty}\int_{-\infty}^{\infty} h(\alpha)h^*(\beta)R_n(\beta - \alpha)R_{c_r}(\beta - \alpha)d\alpha d\beta \tag{4-13}$$

由信号分析的理论知，$R_{c_r}(\tau)$ 的傅里叶变换就是本地扩频码 $c_r(t)$ 的功率谱密度函数 $S_{c_r}(f)$。$R_n(\tau)$ 的傅里叶变换就是干扰信号 $n(t)$ 的功率谱密度函数 $S_n(f)$。这样式(4-13)可简化为

$$P_N = \int_{-\infty}^{\infty} |H(f)|^2 [S_{c_r}(f) * S_n(f)]df \tag{4-14}$$

式中，　P_N 为输出干扰信号的平均功率；$S_{c_r}(f) * S_n(f)$ 为 $S_{c_r}(f)$ 和 $S_n(f)$ 的卷积积分；$H(f)$ 为基带滤波器的传输函数；$|H(f)|^2$ 为基带滤波器的功率传输函数。

式(4-14)说明广义平稳干扰的功率谱密度函数 $S_n(f)$ 由于与频谱很宽的扩频信号功率谱密度函数 $S_{c_r}(f)$ 卷积而被展宽，同时又被基带滤波器的带宽所限制，从而大大降低了干扰信号 $n(t)$ 对系统的影响。若此时有用信号进入接收系统，由于信号与本地扩频码相关性很强，在卷积过程中把信号能量从射频的宽带（扩频码信号的宽带）内集中到基带滤波器的带宽内（信息信号的带宽内），从而提高了有用信号的电平，也就是提高了系统的输出信噪比。这就是扩频通信系统具有强的抗干扰性能的基本原理。

对式(4-14)作进一步的讨论。由卷积的定义知：

$$S_n(f) * S_{c_r}(f) = \int_{-\infty}^{\infty} S_n(F) \cdot S_{c_r}(f - F)dF \tag{4-15}$$

设 $S_n(f)$ 的单边带宽为 B_n，$S_{c_i}(f)$ 的单边带宽为 $B_{RF}/2 = B_{ss}$，如图 4-2(a)和(b)所示。式(4-15)可由图解法得到。

根据卷积定义，卷积图解法步骤由折叠、平移、相乘和积分（求乘积曲线下的面积）来完成。图 4-2(a)和(b)分别为功率谱密度函数 $S_n(f)$ 和 $S_{c_r}(f)$，图 4-2(c)为 $S_{c_r}(f)$ 折叠平移后与 $S_n(f)$ 相乘的图形，图 4-2(d)为卷积后的结果。

从图 4-2(c)可看出，图中阴影部分所示面积就是 $S_n(f)$ 和 $S_{c_r}(f)$ 两函数在 f 处的卷积值。$S_{c_r}(F)$ 的折叠函数 $S_{c_r}(-F)$ 沿 f 轴由左向右移动（平移）时为 $S_{c_r}(f-F)$。

式(4-15)表明，当 $S_{c_r}(f-F)$ 平移和 $S_n(f)$ 重叠时，就形成了函数 $S_{c_r}(f-F)$ 和 $S_n(f)$ 的乘积，并在它们重叠的范围内（频带内）求积分。对所有的值重复上述运算，就可得到整个通频带内的积分值。

同时从图 4-2(c)可看出,当 f 变化时,$S_{c_r}(f-F)$ 在频率 f 轴上滑动,当 $f \geqslant B_n+B_{ss}$ 和 $f \leqslant -B_n-B_{ss}$ 时,$S_n(f)$ 和 $S_{c_r}(f-F)$ 无重叠部分,乘积为零。只有当 $f \geqslant -B_n-B_{ss}$ 和 $f \leqslant B_n+B_{ss}$ 时(通频带内),卷积存在,上述结果如图 4-2(d)所示。两信号 $S_{c_r}(f)$ 和 $S_n(f)$ 卷积后的带宽(单边)为

$$B_f = B_{ss} + B_n = R_c + B_n \qquad (4-16)$$

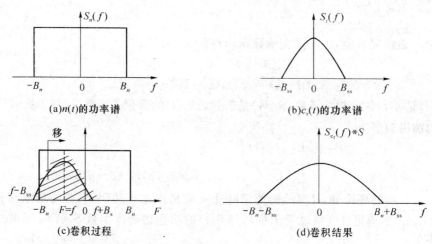

(a)$n(t)$的功率谱

(b)$c_r(t)$的功率谱

(c)卷积过程

(d)卷积结果

图 4-2 频谱卷积图解示意图

式(4-16)说明了输入干扰信号的功率谱的带宽经过与扩频码功率谱相卷积后被扩展了。当扩频码速率越高($S_{c_r}(f)$ 的带宽 B_{ss} 越宽)时,干扰信号的频谱带宽被扩展得越宽,输出干扰信号的功率谱幅度就越低。我们这就从频域的角度进一步揭示了扩频通信系统抗干扰的机理。

把式(4-15)代入表示系统的输出噪声信号平均功率的表达式(4-14)中,并交换积分和卷积的顺序得

$$P_N = \int_{-\infty}^{\infty} S_n(F)\mathrm{d}F \int_{-\infty}^{\infty} |H(f)|^2 S_{c_r}(f-F)\mathrm{d}f \qquad (4-17)$$

式(4-17)中后一项积分代表本地扩频码 $c_r(t)$ 通过基带滤波器后的输出功率。由于在扩展频谱系统中使用的是二进制等概率的伪随机码,每个码元宽度为 T_c,设其振幅为 1,码序列周期为 N,我们假设伪随机码(如 m 序列)的自相关函数为

$$R_{c_r}(\tau) = -\frac{1}{N} + \frac{N+1}{N} \mathop{\Lambda}_{T_c}(\tau) * \sum_{k=-\infty}^{\infty} \delta(\tau+kNT_c) \qquad (4-18)$$

式中,三角脉冲函数 $\mathop{\Lambda}_{T_c}(\tau)$ 定义为

$$\mathop{\Lambda}_{T_c}(\tau) = \begin{cases} 1 - \dfrac{|\tau|}{T_c}, & |\tau| \leqslant T_c \\ 0, & |\tau| > T_c \end{cases} \qquad (4-19)$$

$\mathop{\Lambda}_{T_c}(\tau)$ 是一个顶点在 $\tau=0$ 处,底边为 $2T_c$,高为单位 1 的等腰三角波形函数。

扩频码 $c_r(t)$ 的自相关函数 $R_{c_r}(\tau)$ 的傅里叶变换 $S_{c_r}(f)$ 为扩频码的功率谱,即

$$S_{c_r}(f) = \int_{-\infty}^{\infty} R_{c_r}(\tau) e^{-j2\pi f\tau} d\tau$$

$$= \frac{1}{N^2}\delta(f) + \frac{N+1}{N^2}\left(\frac{\sin \pi fT_c}{\pi fT_c}\right)^2 \sum_{\substack{k=-\infty \\ k\neq 0}}^{\infty} \delta\left(f - \frac{k}{NT_c}\right) \tag{4-20}$$

由于扩频码的幅度为 ± 1，当 $N \to \infty$ 时，式(4-18)和式(4-20)成为

$$R_{c_r}(\tau) = \Lambda_{T_c}(\tau) = \begin{cases} 1 - \dfrac{|\tau|}{T_c}, & |\tau| < T_c \\ 0, & |\tau| \geqslant T_c \end{cases} \tag{4-21}$$

$$S_{c_r}(f) = T_c\left[\frac{\sin \pi fT_c}{\pi fT_c}\right]^2 \tag{4-22}$$

图 4-3 给出了扩频码自相关函数与功率谱密度函数的示意图。图 4-3 中 $R_c = 1/T_c$ 是伪随机码的速率，T_c 是伪随机码的码元宽度。

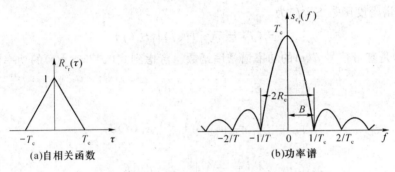

(a)自相关函数　　　　(b)功率谱

图 4-3　扩频码 $c_r(t)$ 的自相关函数和功率谱示意图

因为函数 $(\sin x/x)^2 \leqslant 1$。当 R_c 足够大时，在基带滤波器的通频带 $(-B_b, +B_b)$ 内，可以认为 $S_{c_r}(f)$ 是近似平坦的，即

$$S_{c_r}(f) \approx T_c, \quad |f| \leqslant B_b \ll R_c \tag{4-23}$$

所以式(4-17)中的后一项积分可作近似处理

$$\int_{-\infty}^{\infty} |H(f)|^2 S_{c_r}(f-F) df \approx \int_{-B_b}^{B_b} T_c |H(f)|^2 df \tag{4-24}$$

式中，B_b 为基带滤波器的单边带宽。为简化计算，我们假设基带滤波器的功率传输函数是理想的，并已对其幅频特性进行了归一化，即

$$|H(f)| = \begin{cases} \dfrac{1}{\sqrt{2}}, & |f| \leqslant B_b \\ 0, & |f| > B_b \end{cases} \tag{4-25}$$

$$\int_{-B_b}^{B_b} |H(f)|^2 df = B_b \tag{4-26}$$

式(4-26)表示功率传输函数 $|H(f)|^2$ 曲线下的面积为 B_b，这样式(4-17)可进一步简化为

$$P_N = \frac{B_b}{2B_{ss}} \int_{-\infty}^{\infty} S_n(F) dF \tag{4-27}$$

式中，B_b 为基带滤波器的带宽，其值等于信息信号的带宽 R_b；B_{ss} 为扩频码功率谱的单边带宽，其值等于 R_c，$R_c = 1/T_c$。

式(4-27)中 $\displaystyle\int_{-\infty}^{\infty} S_n(F) dF$ 为广义平稳干扰信号 $n(t)$ 的功率，注意到式(4-4)和式

(4-5)，我们可得出输出广义平稳干扰的平均功率为

$$P_N = \frac{B_b}{2B_{ss}} E\{[n(t)]^2\}$$

$$= \frac{B_b}{B_{ss}} E\{[N(t)]^2\} \tag{4-28}$$

式(4-28)说明，基带滤波器输出干扰信号功率的大小与基带滤波器的带宽 B_b 成正比，与扩频信号带宽 B_{ss} 成反比。通常 B_{ss} 是 B_b 的几十倍到几千倍，所以干扰信号进入扩频接收机后一般被抑制了几十倍到几千倍。当有用信号同时进入接收机时，因它与扩频接收机中的本地信号是同步的(包括频率同步、相位同步和码元同步)，在相关处理过程中，有用信号的输出达到最大。

$$v(t) = A \int_{-\infty}^{\infty} h(t-\alpha) d(t-T_d) \mathrm{d}\alpha \tag{4-29}$$

$v(t)$ 的功率谱密度函数 $S_v(f)$ 为

$$S_v(f) = A^2 |H(f)|^2 S_d(f) \tag{4-30}$$

式中，$S_d(f)$ 是基带信号 $d(t)$ 的功率谱密度函数。考虑到式(4-25)，$v(t)$ 的功率值为

$$\begin{aligned}
S_v &= \int_{-\infty}^{\infty} S_v(f) \mathrm{d}f \\
&= \int_{-B_b}^{B_b} A^2 \left(\frac{1}{\sqrt{2}}\right)^2 S_d(f) \mathrm{d}f \\
&= \frac{1}{2} A^2 \int_{-B_b}^{B_b} S_d(f) \mathrm{d}f
\end{aligned} \tag{4-31}$$

由于 $d(t)$ 是等概取 $+1$ 和 -1 的二值波形函数，$d^2(t)=1$，功率值为

$$\begin{aligned}
\int_{-\infty}^{\infty} S_d(f) \mathrm{d}f &= \int_{-B_b}^{B_b} S_d(f) \mathrm{d}f \\
&= \lim_{T \to 0} \frac{1}{T} \int_{-T/2}^{T/2} d^2(t) \mathrm{d}t \\
&= 1
\end{aligned} \tag{4-32}$$

所以，有用信号通过扩频接收机的输出功率值为

$$S_v = \frac{1}{2} A^2 \tag{4-33}$$

式(4-33)表明，有用信号无失真无损耗地通过了扩频接收机，而干扰信号只有输入端的 B_b/B_{ss} 倍[见式(4-28)]，被大大地抑制掉了，因此输出信号噪声功率比与输入信号噪声功率比为

$$G_p = \frac{\left(\frac{S}{N}\right)_{out}}{\left(\frac{S}{N}\right)_{in}} = \frac{\dfrac{A^2/2}{\dfrac{B_b}{B_{ss}} E\{[N(t)]^2\}}}{\dfrac{A^2/2}{E\{[N(t)]^2\}}} = \frac{B_{ss}}{B_b} = \frac{R_c}{R_b} \tag{4-34}$$

式(4-34)就是扩频系统的处理增益，式中 R_c 为扩频码的码速率，R_b 为基带数字信息的码速率。

至此，我们分析了直接序列扩频通信系统抗广义平稳干扰的性能，并推导了直接序列扩

频通信系统处理增益的数学表达式。

下面我们来分析跳频通信系统的抗干扰能力,为方便起见,将跳频通信系统的模型图重绘,如图 4-4 所示。

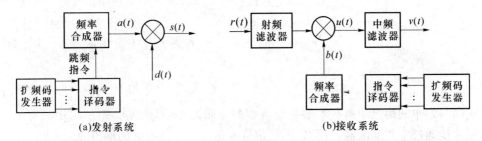

(a)发射系统　　　　　　　　　　(b)接收系统

图 4-4　频率跳变系统模型

设跳频频率合成器能提供的频率数为 N,则发射机输出的信号为

$$s(t) = Ad(t)\sum_{k=1}^{N}\cos(2\pi f_k t + \varphi_k)g_{T_c}(t-kT_c) * \sum_{m=-\infty}^{\infty}\delta(t-mNT_c) \tag{4-35}$$

跳频信号 $s(t)$ 经过信道传输后,受到各种干扰信号的污染,在不考虑传输损耗的情况下,接收机收到的信号为

$$r(t) = Ad(t-T_d)\sum_{k=1}^{N}\cos(2\pi f_k t + \varphi'_k)g_{T_c}(t-kT_c-T_d) * \sum_{m=-\infty}^{\infty}\delta(t-mNT_c)+J(t)+N(t)$$

$$\tag{4-36}$$

接收机的本地振荡器的输出信号为

$$b(t) = 2\sum_{i=1}^{N}\cos[2\pi(f_{IF}+f_i)t+\hat{\varphi}_i]g_{T_c}(t-iT_c-\hat{T}_d) * \sum_{m=-\infty}^{\infty}\delta(t-mNT_c) \tag{4-37}$$

假设进入接收机的其他干扰信号为 $J(t)$,$J(t)$ 为带通信号,其功率 P_J 均匀地分布在整个扩频通带 B_{RF} 内。广义平稳干扰 $N(t)$ 可以归入 $J(t)$ 中,我们不再单独考虑 $N(t)$ 对跳频通信系统的影响。

由于在跳频通信系统中,射频通带被分割成为 N 个频道,每个频道的中心频率分别为 f_1,f_2,$\cdots$,f_k,$\cdots$,f_N。我们可以将带通干扰信号 $J(t)$ 分解为 N 个子信号 $J_k(t)(k=1,2,\cdots,N)$,每个子信号 $J_k(t)$ 的中心频率分别为 $f_k(k=1,2,\cdots,N)$,带宽为 $2B_b = B_{RF}/N$,即

$$J(t) = \sum_{k=1}^{N}J_k(t)$$

$$= \sum_{k=1}^{N}j(t)\cos(2\pi f_k t + \varphi'_k) \tag{4-38}$$

式中,$j(t)$ 是带宽为 B_b 的低通信号,均值为 0,并且

$$\lim_{T\to\infty}\frac{1}{T}\int_{-T/2}^{T/2}|j(t)|^2 dt = \frac{2P_J}{N} \tag{4-39}$$

由以上假设,我们可以直接给出 $j(t)$ 的功率谱密度函数

$$S_j(f) = \begin{cases} \dfrac{P_J}{NB_b}, & |f| \leqslant B_b \\ 0, & |f| > B_b \end{cases} \tag{4-40}$$

干扰信号经过混频器后的输出为

$$u_J(t) = \sum_{i=1}^{N} \sum_{k=1}^{N} j(t) \cos\left[2\pi(f_{IF} + f_i - f_k)t + \hat{\varphi}_i - \varphi'_k\right] \times$$

$$g_{T_c}(t - iT_c - \hat{T}_d) * \sum_{m=-\infty}^{\infty} \delta(t - mNT_c) +$$

$$\sum_{i=1}^{N} \sum_{k=1}^{N} j(t) \cos\left[2\pi(f_{IF} + f_i + f_k)t + \hat{\varphi}_i + \varphi'_k\right] \times$$

$$g_{T_c}(t - iT_c - \hat{T}_d) * \sum_{m=-\infty}^{\infty} \delta(t - mNT_c) \tag{4-41}$$

式(4-41)中的第二项落在了中频滤波器的通带之外，可忽略。第一项中只有 $i-k=0$ 的分量才能通过中频滤波器。所以，干扰信号通过中频滤波器后的输出为

$$v_J(t) = \int_{-\infty}^{\infty} \left[\sum_{k=1}^{N} j(t) \cos(2\pi f_{IF}\alpha + \hat{\varphi}_k - \varphi'_k) \times\right.$$

$$\left. g_{T_c}(\alpha - kT_c - \hat{T}_d) * \sum_{m=-\infty}^{\infty} \delta(\alpha - mNT_c)\right] h(t - \alpha) d\alpha \tag{4-42}$$

假设系统已取得同步，$\hat{T}_d = T_d$，$\hat{\varphi}_k - \varphi'_k = 0$，所以

$$v_J(t) = \int_{-\infty}^{\infty} j(t) \cos(2\pi f_{IF}\alpha) h(t - \alpha) \sum_{k=1}^{N} g_{T_c}(\alpha - kT_c - T_d) * \sum_{m=-\infty}^{\infty} \delta(\alpha - mNT_c) d\alpha$$

$$= \int_{-\infty}^{\infty} j(t) \cos(2\pi f_{IF}\alpha) h(t - \alpha) d\alpha \tag{4-43}$$

式中，$\sum_{k=1}^{N} g_{T_c}(\alpha - kT_c - T_d) * \sum_{m=-\infty}^{\infty} \delta(\alpha - mNT_c) = 1$。

在接收机与发射机同步的情况下，当进入接收机的信号为式(4-36)表示的 $r(t)$ 时，中频滤波器的输出为

$$v(t) = A\int_{-\infty}^{\infty} d(\alpha - T_d) \cos(2\pi f_{IF}\alpha) h(t - \alpha) d\alpha +$$

$$\int_{-\infty}^{\infty} j(t) \cos(2\pi f_{IF}\alpha) h(t - \alpha) d\alpha \tag{4-44}$$

我们假设系统是线性的，可以用叠加定理分别对干扰信号和有用信号进行分析。式(4-44)中第二项是噪声和干扰信号 $J(t)$ 通过中频滤波器后的输出。

假设中频滤波器的传输函数为

$$|H(f)| = \begin{cases} \dfrac{1}{\sqrt{2}}, & |f - f_{IF}| \leqslant \dfrac{B_{IF}}{2} \\ 0, & |f - f_{IF}| > \dfrac{B_{IF}}{2} \end{cases} \tag{4-45}$$

式中，B_{IF} 为中频滤波器的带宽，假设 $B_{IF} = 2B_b$。

设 $v_J(t)$ 的功率谱密度函数为 $S_{v_J}(f)$，则由式(4-43)可得

$$S_{v_J}(f) = \frac{1}{4}\left[S_j(f - f_{IF}) + S_j(f + f_{IF})\right]|H(f)|^2 \tag{4-46}$$

通过中频滤波器后噪声和干扰信号的功率为

$$P_{v_J} = \int_{-\infty}^{\infty} S_{v_J}(f)\,\mathrm{d}f$$

$$= \frac{1}{4}\int_{-\infty}^{\infty} \left[S_j(f - f_{\mathrm{IF}}) + S_j(f + f_{\mathrm{IF}}) \right] | H(f) |^2\,\mathrm{d}f$$

$$= \int_0^{\infty} S_j(f - f_{\mathrm{IF}}) | H(f) |^2\,\mathrm{d}f$$

$$= \frac{P_J}{NB_{\mathrm{b}}} \int_{f_{\mathrm{IF}} - B_{\mathrm{IF}}/2}^{f_{\mathrm{IF}} + B_{\mathrm{IF}}/2} | H(f) |^2\,\mathrm{d}f$$

$$= \frac{P_J}{N} \tag{4-47}$$

干扰信号的功率（或能量）被消弱了 N 倍。因此输出信号干扰功率比与输入信号干扰功率比之比为

$$G_{\mathrm{p}} = \frac{\left(\dfrac{S}{J} \right)_{\mathrm{out}}}{\left(\dfrac{S}{J} \right)_{\mathrm{in}}} = \frac{\dfrac{A^2/2}{P_J/N}}{\dfrac{A^2/2}{P_J}} = N \tag{4-48}$$

这里 N 是跳频系统的频率总数。如果进入接收机的干扰信号是一个窄带信号，其带宽等于中频滤波器的带宽，我们可以得出同样的结论。具体的分析可以参照上面的方法，在此不再赘述，我们仅从物理意义上给予解释。在系统获得同步后，只有当跳频信号跳变到干扰落在的那个频道时，通过变频器变频后的窄带干扰信号才能通过中频滤波器。由于在 NT_{c} 的时间内，跳频信号在每个频道的工作时间为 T_{c}；系统处于同步状态时，接收机本地振荡器的跳频图案和接收信号的跳频图案相同，所以在其他的 $(N-1)T_{\mathrm{c}}$ 时间内，由于本振信号频率的变化，干扰信号通过混频后，其频谱落在了中频滤波器的通带之外，被中频滤波器滤除了。通过接收机的解跳，干扰信号的能量（功率）通过中频滤波器后被消弱了 N 倍。

由上面的分析可知，跳频系统抵抗宽带干扰和窄带干扰的机理是不同的。对于宽带干扰，由于干扰信号的能量分布在一个较宽的频带上，跳频接收机通过窄带滤波器将大部分能量滤除；而对于窄带干扰信号，跳频接收机通过躲避的办法，在大部分时间内不让干扰信号通过接收机中的中频滤波器。因而我们可以说，对于宽带干扰，跳频接收机将干扰信号的能量在一个较宽的频带上进行了平均；对于窄带干扰，跳频接收机将干扰信号的能量在一个较长的时间段内进行了平均。当然最终的效果是相同。

4.2　抗单频正弦波干扰的能力

假设系统是线性的，所用扩频通信系统的模型如图 4-1 所示，并假设接收机对有用信号已经建立了同步，即 $\hat{T}_{\mathrm{d}} = T_{\mathrm{d}}$，$\hat{f}_{\mathrm{d}} = f_{\mathrm{d}}$ 和 $\hat{\varphi} = \varphi$ 成立。

设单频正弦干扰信号与进入接收机的有用信号是相互独立的，且与有用信号的载波同频、同相（最恶劣的干扰情况，这可从下面的分析中看出），可表示为

$$J_1(t) = A\cos[2\pi(f_0 + f_{\mathrm{d}})t + \varphi] \tag{4-49}$$

通过射频滤波器的干扰信号经过相关处理后，在基带滤波器输出端的响应为

$$v_{J_1}(t) = 2\int_{-\infty}^{\infty} J_1(\alpha) c_r(\alpha - \hat{T}_{\mathrm{d}}) \cos[2\pi(f_0 + \hat{f}_{\mathrm{d}})\alpha + \hat{\varphi}] h(t - \alpha)\,\mathrm{d}\alpha \tag{4-50}$$

因为收、发信机之间已经建立了同步条件，$\hat{f}_d = f_d, \hat{\varphi} = \varphi, \hat{T}_d = T_d$，所以

$$v_{J_1}(t) = 2\int_{-\infty}^{\infty} A\cos^2[2\pi(f_0 + \hat{f}_d)\alpha + \hat{\varphi}]c_r(\alpha - \hat{T}_d)h(t - \alpha)\mathrm{d}\alpha$$

$$= A\int_{-\infty}^{\infty} c_r(\alpha - T_d)h(t - \alpha)\mathrm{d}\alpha +$$

$$A\int_{-\infty}^{\infty} c_r(\alpha - T_d)h(t - \alpha)\cos[2\pi(2f_0 + 2f_d)\alpha + 2\varphi]\mathrm{d}\alpha \quad (4\text{-}51)$$

滤除二次谐波后，干扰信号在基带滤波器输出端的响应为

$$v_{J_1}(t) = A\int_{-\infty}^{\infty} c_r(\alpha - T_d)h(t - \alpha)\mathrm{d}\alpha \quad (4\text{-}52)$$

为求单频干扰信号的输出功率，先求 $v_{J_1}(t)$ 的自相关函数，得

$$E[v_{J_1}(t)v_{J_1}(t + \tau)] = \int_{-\infty}^{\infty}\int_{-\infty}^{\infty} A^2 E[c_r(\alpha - T_d)c_r(\beta - T_d)]h(t - \alpha)h^*(t + \tau - \beta)\mathrm{d}\alpha\mathrm{d}\beta$$

$$= \int_{-\infty}^{\infty}\int_{-\infty}^{\infty} A^2 h(\alpha)h^*(\beta)R_{c_r}(\alpha - \beta)\mathrm{d}\alpha\mathrm{d}\beta \quad (4\text{-}53)$$

式中，$R_{c_r}(\alpha - \beta)$ 为本地参考扩频码的自相关函数。假设系统使用理想扩频码（即"1"和"0"出现的概率各为 $1/2$，幅度为 1，周期为无限长），本地参考扩频码 $c_r(t - T_d)$ 的自相关函数 $R_{c_r}(\tau)$ 为

$$R_{c_r}(\tau) = E[c_r(t)c_r(t + \tau)]$$

$$= \begin{cases} 1 - \dfrac{|\tau|}{T_c}, & |\tau| < T_c \\ 0, & |\tau| \geqslant T \end{cases} \quad (4\text{-}54)$$

式中，T_c 为伪随机码的码元宽度。对式(4-52)求傅里叶变换可得 $v_{J_1}(t)$ 的功率谱为

$$S_{J_1}(f) = A^2 S_{c_r}(f)|H(f)|^2 \quad (4\text{-}55)$$

式中，$S_{c_r}(f)$ 为 $R_{c_r}(t)$ 的傅里叶变换；$H(f)$ 为基带滤波器的传输函数，是 $h(t)$ 的傅里叶变换，$|H(f)|^2$ 是功率传输函数。

对 $R_{c_r}(\tau)$ 求傅里叶变换得

$$S_{c_r}(f) = T_c\left[\frac{\sin(\pi f T_c)}{\pi f T_c}\right]^2 \quad (4\text{-}56)$$

将式(4-56)代入式(4-55)得

$$S_{J_1}(f) = A^2 T_c\left[\frac{\sin(\pi f T_c)}{\pi f T_c}\right]^2|H(f)|^2 \quad (4\text{-}57)$$

由式(4-56)知，扩频码功率谱幅度的最大值在 $f = 0$ 处，且为 T_c。T_c 的倒数就是扩频码的码速率 R_c。当扩频码的码元宽度 T_c 减小（码速率 R_c 提高）时，扩频码功率谱幅度的最大值将减小，频谱宽度将增大，功率谱被展宽且趋于平坦。

通过式(4-57)，我们可以直观地看出，单频正弦干扰信号经过接收机的相关处理，再经过基带滤波器的滤波，输出的干扰功率随着扩频码码元宽度 T_c 的减小而减小。

对 $S_{J_1}(f)$ 在频域内求积分可得到单频正弦干扰信号输出的功率

$$P_{J_1} = \int_{-\infty}^{\infty} S_{J_1}(f)\mathrm{d}f$$

$$= A^2\int_{-\infty}^{\infty} T_c\left[\frac{\sin(\pi f T_c)}{(\pi f T_c)}\right]^2|H(f)|^2\mathrm{d}f \quad (4\text{-}58)$$

$[\sin(\pi f T_c)/\pi f T_c]^2$ 的带宽远远大于 $H(f)$ 的带宽，因此在 $H(f)$ 的通频带内，可用 T_c

来近似代替$[\sin(\pi fT_c)/\pi fT_c]^2$，即

$$T_c\left[\frac{\sin(\pi fT_c)}{(\pi fT_c)}\right]^2 \approx T_c, f \leqslant B_b \ll R_c \tag{4-59}$$

将式(4-25)和式(4-59)代入式(4-58)得

$$P_{J_1} = A^2\int_{-\infty}^{\infty} T_c|H(f)|^2\mathrm{d}f$$

$$\approx A^2\int_{-B_b}^{B_b} T_c\left(\frac{1}{\sqrt{2}}\right)^2\mathrm{d}f$$

$$= A^2 T_c B_b \tag{4-60}$$

式中，B_b为基带滤波器带宽。因为单频正弦干扰信号的输入功率为$A^2/2$，假设有用信号的功率为P，在理想相关器的情况下，系统的处理增益为

$$\frac{(S/N)_{\text{out}}}{(S/N)_{\text{in}}} = \frac{\dfrac{P}{(A^2 T_c B_b)}}{\dfrac{P}{(A^2/2)}}$$

$$= \frac{1}{2T_c B_b} = \frac{1}{2}G_p \tag{4-61}$$

由式(4-61)可看出，单频正弦干扰和广义平稳干扰对系统的影响是不同的。和式(4-34)相比，系统的输出信噪比下降了一半(3 dB)。接收机对带宽为B_n的干扰信号相关解扩的过程，实质上就是本地参考扩频码和干扰信号进行频谱卷积的过程，相关解扩后干扰信号的带宽被扩展为$B_n + R_c$(参见式(4-16))。在干扰信号功率不变的情况下，相关解扩后广义平稳干扰信号的带宽被扩展成为$2R_c(B_n = B_{ss} = R_c)$，而单频正弦波干扰信号的带宽被扩展成为$R_c(B_n = 0)$。在干扰信号功率不变的情况下，相关解扩后广义平稳干扰的功率谱密度比单频正弦波干扰的功率谱密度低一半(3 dB)。通过基带滤波器后单频正弦波干扰输出的功率比广义平稳干扰输出的功率大一倍(3 dB)。这也正是我们在前面所说的和载波同频、同相的单频正弦波干扰是对直接序列系统最严重的一种干扰。

4.3　抗多径干扰能力的分析

多径干扰是由于电波在传播过程中，遇到各种反射体(如电离层、对流层、高山和建筑物等)引起反射或散射，在接收机端收到的直接路径信号与这些群反射信号之间的随机干涉形成的，属于乘性干扰。它在卫星通信、散射通信、移动通信、飞机与卫星通信中均产生相当严重的后果。

由于多径干扰信号的频率选择性衰落和路径引起的传播时延τ，使信号产生严重的失真和波形展宽，并导致信息波形重叠，使通信系统发生严重的误码。

我们先来讨论常规通信体制中多径传输现象对信号接收的影响。首先研究$\tau_{\max} < T_b$的情况。其中$\tau_{\max}$是各路径射束间最大时延，T_b是信号中码元的持续时间(码元宽度)。如图4-5所示，如果仅仅利用$t_1 \sim t_2$这段信号来作第一码元，$t_3 \sim t_4$这段信号来作第二码元，……则多射束传输将导致平滑衰落(即信号各频率分量都受到相同的衰落)。衰落信号的幅度服从瑞利分布或广义瑞利分布，而相位在$(0, 2\pi)$内均匀分布。此时有用信号能量减

少了 $(T_b - T_a)/T_b$ 倍,因而错误接收的概率就要增大。为满足系统误码率的要求,即使错误接收概率不超过某个规定值,也应该提高码元能量,即提高传输信号的功率。当传输速率提高时,更需进一步增加信号的功率。若传输速率提高到使 T_b 和 τ_{max} 接近时,用提高传输信号功率的方法也难于实现可靠的通信了。

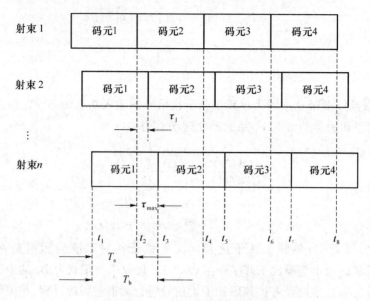

图 4-5 $\tau_{max} \ll T$ 时多径传输信号示意图

在 $\tau_{max} < T_b$ 时,可采用多进制编码的方法来克服衰落,即将原来的二进制信号 $s_1(t)$ 和 $s_2(t)$ 各自延迟 n 位码元,使 $s_1(t)$ 和 $s_2(t)$ 的持续期都等于 nT_b。如果适当选择 n,使 $nT_b > \tau_{max}$,则可依靠时间和频率的组合,把延时大于 T_b 的各射束抑制掉,从而减轻了多径衰落的程度。

以上克服多径衰落的方法,在传输速率高时便无效果了。有人提出从多个波束中选出其中最强的一个,同时把其他波束抑制掉。选出最强波束的方法,从而避免了互相的干涉,可以采用强方向性且具有自动调整位置能力的天线,或自适应调零天线来实现。这种方法在电离层、对流层散射通信中有一定的效果,因为各个波束路径不同,入射接收天线的方位也不同,如果能够分出一个最强射束,完全抑制其他射束,衰落自然就基本上消除了。但实现天线的方向性自动调整,在技术上比较复杂,且成本较高。

也可以根据各个波束到达接收点的时间上的差别来选出其中一个射束。比如,利用短脉冲信号,它的全部能量集中在很小的时间 τ 内,$\tau \ll T_b$,T_b 是消息码元持续时间。如果能够满足

$$T_b > \tau_{max} , \quad \tau < \tau_{min} \tag{4-62}$$

那么这种信号从不同的波束路径到达接收点时,彼此将不会重迭。因此,接收机可以只对其中最强的脉冲有响应,而在此外的时间,接收机不起任何反应。但是,这种方法的困难在于,很难得到时间 τ 又小、能量又大的短脉冲信号。一方面,从分离波束的观点来看,希望脉冲越窄越好,以便在接收端互相隔离较远,易于分离;另一方面,脉冲越窄,脉冲信号的能量越小,往往引起接收的可靠性严重下降,比如在短波段,$\tau_{min} = 10^{-4}$ s。因此,脉冲持续期 τ 也应小于此值。但是,一般有 $T_b > (3 \sim 5) \times 10^{-3}$ s,因为 $\tau_{min} = (3 \sim 5) \times 10^{-3}$ s。为了保持同样的信号能量,采用窄脉冲信号时,就要使窄脉冲的峰值功率提高至平均功率的 30~50 倍。这是一个困难的问题。在对流层放射场合,τ_{min} 的数值还要更小,因此,窄脉冲的峰值功率还要

大,因而更难实现。所以说在常规通信体制中多径衰落是一个难于解决的问题。

下面介绍哈尔凯维奇(A. A. Харкевич)提出的抗多径干扰的伪噪声通信概念。先看一个最简单的情况,图4-6给出双波束传输模型。

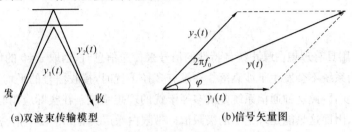

(a)双波束传输模型   (b)信号矢量图

图4-6 双波束传输模型及信号矢量图

在接收机端收到这两个路径的信号为

$$\begin{cases} y_1(t) = A\cos(2\pi f_0 t) \\ y_2(t) = A\cos[2\pi f_0(t+\tau)] \end{cases} \tag{4-63}$$

并假设两个传输路径的传输系数相同,仅仅路程不同。由于路程差使两个信号延迟差为τ,因而信号之间有$2\pi f_0 \tau$的相位差。由图4-6(b)矢量图可以求出在接收点得到的合成信号

$$y(t) = x\cos(2\pi f_0 t + \varphi) \tag{4-64}$$

式中,

$$x = \sqrt{A^2 + A^2 + 2A^2\cos 2\pi f_0 \tau} = \sqrt{2A^2(1 + \cos 2\pi f_0 \tau)} \tag{4-65}$$

令$P_0 = A^2/2$代表每一个波束的信号功率,$P = x^2/2$代表合成信号的功率,则式(4-65)成为

$$P = 2P_0(1 + \cos 2\pi f_0 \tau) \tag{4-66}$$

由式(4-66)可看出,合成信号的功率P将随着$f_0 \tau$的变化而变化。如果τ和f_0都不变,那么,合成信号的功率只是乘了一个因子$2(1 + \cos 2\pi f_0 \tau)$而已。只要$2P_0(1 + \cos 2\pi f_0 \tau)$大于接收机所要求的功率值,系统仍能正常工作。然而实际上传播条件是不断变化的,比如,电离层的反射高度,对流层散射团粒的位置,移动通信中各种建筑物的反射等,不是固定不变的,它们都在一定的范围内起伏,而且起伏方式是随机的。因而各路径之间的路程差都在随机地变化。这样P值也就随机地起伏。从式(4-66)可看出,当$\tau = (2n+1)/(2f_0)$时(n为正整数),合成信号的功率$P=0$,这时通信将中断。

如果我们采用香农(C. E. Shannon)曾提出的假设,在高斯信道上,传输的最佳信号形式是具有白噪声统计特性的信号$\xi(t)$的情形,同样在上述双波束传输的场合,接收机接收到的两路信号分别为$\xi(t)$和$\xi(t+\tau)$。仍然假定这两路信号除存在时延差τ之外完全相同。于是合成信号的功率为

$$\begin{aligned} P &= E[\xi(t) + \xi(t+\tau)]^2 \\ &= E[\xi(t)]^2 + E[\xi(t+\tau)]^2 + 2E[\xi(t)\xi(t+\tau)] \\ &= 2P_0[1 + r(\tau)] \end{aligned} \tag{4-67}$$

式中,$r(\tau)$是$\xi(t)$的归一化自相关函数

$$r(\tau) = \frac{R(\tau)}{R(0)} \tag{4-68}$$

式中,$R(\tau)$是$\xi(t)$的自相关函数

$$R(\tau) = E[\xi(t)\xi(t+\tau)] \tag{4-69}$$

$R(0)$是$\tau=0$时$\xi(t)$的自相关函数,也就是$\xi(t)$的平均功率

$$R(0) = E[\xi(t)]^2 \tag{4-70}$$

我们知道,正态白噪声的自相关函数具有 $\delta(\tau)$ 函数的形式,在 $\tau \neq 0$ 时有

$$r(\tau) = 0 \tag{4-71}$$

这样就得到

$$P = 2P_0[1 + r(\tau)] = 2P_0 \tag{4-72}$$

由此可见利用具有理想白噪声统计特性的信号来传送信息时,当取 $\tau \neq 0$ 的任何值时,$r(\tau)$ 都为零,即这种通信系统不会发生干涉衰落。在没有多径干扰时,接收信号的平均功率因为没有干涉现象而恒定不变,因此这种通信系统是抗多径干扰的理想系统。在实际应用时,不可能找到理想的白噪声信号,因而这只能是理论上的极限值。带限白噪声具有如下功率谱密度

$$S(f) = \begin{cases} \dfrac{P_0}{2B}, & |f - f_0| \leqslant \dfrac{B}{2} \\ 0, & |f - f_0| > \dfrac{B}{2} \end{cases} \tag{4-73}$$

式中,f_0 为带限白噪声的中心频率,B 为带限白噪声的带宽。

带限白噪声的自相关函数为

$$\begin{aligned} R(\tau) &= \int_{-\infty}^{\infty} S(f) e^{j2\pi f\tau} \, df \\ &= \int_{-f_0-B/2}^{-f_0+B/2} \frac{P_0}{2B} e^{j2\pi f\tau} \, df + \int_{f_0-B/2}^{f_0+B/2} \frac{P_0}{2B} e^{j2\pi f\tau} \, df \\ &= P_0 \frac{\sin(\pi B\tau)}{\pi B\tau} \cos(2\pi f_0 \tau) \end{aligned} \tag{4-74}$$

将式(4-74)归一化后代入式(4-67)得

$$P = 2P_0 \left[1 + \frac{\sin(\pi B\tau)}{\pi B\tau} \cos(2\pi f_0 \tau) \right] \tag{4-75}$$

接收信号功率的相对起伏为

$$\frac{P}{2P_0} = 1 + \frac{\sin(\pi B\tau)}{\pi B\tau} \cos(2\pi f_0 \tau) \tag{4-76}$$

对于一定的 B,$P/(2P_0)$ 的最小值发生在 $\cos(2\pi f_0 \tau) = -1$ 时,此时

$$\left(\frac{P}{2P_0} \right)_{\min} = 1 - \frac{\sin(\pi B\tau)}{(\pi B\tau)} \tag{4-77}$$

由于 $\sin(\pi B\tau) \leqslant 1$,因此式(4-77)可近似为

$$\left(\frac{P}{2P_0} \right)_{\min} \leqslant 1 - \frac{1}{\pi B\tau} \tag{4-78}$$

由式(4-78)可看出,只要系统带宽 B 足够大,就可以使收到信号功率最小的相对起伏 $[P/(2P_0)]_{\min}$ 任意地接近 1,也就是说,我们可以通过增加系统的带宽,从本质上消除多径衰落现象。例如,假定要求 $[P/(2P_0)]_{\min} \geqslant 0.9$,则有

$$\pi B\tau \geqslant \frac{1}{1 - [P/(2P_0)]_{\min}} = \frac{1}{1 - 0.9} = \frac{1}{0.1} = 10$$

所以只要选择系统的带宽满足

$$B \geqslant \frac{10}{\pi\tau}$$

我们就可以保证接收信号功率的相对起伏不会超过 10%。

由统计表明,在 1 500 km 以上的短波线路上,$\tau<0.2$ ms 的情况是很少见的,一般都在 0.2 ms$\leqslant\tau\leqslant2$ ms 范围,因此

$$B=\frac{1}{\pi}\cdot\frac{10}{0.2\times10^{-3}}=15.9\ \text{kHz}$$

可见,用带宽为 16 kHz 的带限白噪声信号在短波线路上传送信息时,收到的合成信号功率(两波束的场合)起伏不会超过 10%。

以上讨论的是带限白噪声的情况。在扩频通信系统中,使用伪噪声码来逼近白噪声信号的统计特性(当伪噪声码周期 N 足够长时),它具有和白噪声相类似的自相关函数

$$R_c(\tau)=\begin{cases}A^2\left(1-\dfrac{|\tau|}{T_c}\right), & |\tau|<T_c \\ 0, & |\tau|\geqslant T_c\end{cases}\tag{4-79}$$

式中,A 为伪噪声码的振幅,T_c 为伪噪声码的码元宽度。将式(4-79)代入式(4-67)中有

$$P=2P_0\left[1+\frac{R_c(\tau)}{R_c(0)}\right]\tag{4-80}$$

因为伪随机码的平均功率 A^2,所以

$$P_0=R_c(0)=A^2\tag{4-81}$$

故有

$$P=\begin{cases}2P_0\left(2-\dfrac{|\tau|}{T_c}\right), & |\tau|<T_c \\ 2P_0, & |\tau|\geqslant T_c\end{cases}\tag{4-82}$$

式(4-82)说明,伪随机码尖锐的相关特性使多径波束完全独立。当多径时延 $|\tau|<T_c$ 时,反射信号与有用信号叠加,使合成信号的功率发生起伏,其起伏的大小和 $|\tau|$ 与 T_c 的比值有关。所以直接序列系统只有当路径传播时延 τ 小于伪随机码的码元宽度 T_c 时,才发生轻度衰落(相对于常规通信体制而言)。例如,当 $R_c=10$ Mbit/s,即 $T_c=0.1$ μs 时,反射路径时延小于直接路径时延 0.1 μs,即路程差 30 m$[30\ \text{m}=(3\times10^8\ \text{m/s})\times(0.1\times10^{-6}\ \text{s})]$以内的时候,才会出现起伏衰落现象。当多径时延 $|\tau|\geqslant T_c$ 时,反射信号与有用信号叠加,但接收信号的功率不会发生起伏衰落,此时 $r(\tau)=0$,多径反射信号被直接序列系统作为干扰噪声处理掉了。因而扩展频谱通信系统具有抗多径干扰的能力,即对多径干扰不敏感。

以上讨论的双路径的情况,并假设两路径的传播损耗是完全相同。实际工程中电波的传播路径要多于两径,并且每径的传播损耗都是不相等的,除直达波束外,其余到达接收机的波束是经过一次或多次的反射或折射,传播损耗要大于直达波束的传播损耗。

我们先来分析多径干扰对直接序列系统的影响。设发射信号为

$$s(t)=Ad(t)c(t)\cos(2\pi f_0+\varphi_0)\tag{4-83}$$

经过传播后到达接收机的信号为

$$r(t)=\sum_{j=1}^{M}\alpha_1 A_i d(t-T_{jd})c(t-T_{jd})\cos(2\pi f_0+\varphi_j)\tag{4-84}$$

式中,$j=1$ 是我们所需要的波束,$j=2,\cdots,M$ 为多径波束,α_j 为第 j 径电波的传播损耗,T_{jd} 为第 j 径电波的传播延迟,φ_j 为第 j 径电波的载波相移。

假设系统已经同步,即 $\hat{T}_d=T_{1d}$,$\hat{f}_0=f_0$,$\hat{\varphi}=\varphi_1$,接收机本振信号为

$$b(t)=2c(t-T_{1d})\cos(2\pi f_0+\varphi_1)\tag{4-85}$$

则混频器的输出为（忽略和频项）

$$u(t) = \alpha_1 Ad(t - T_{1d}) + \sum_{j=2}^{M} \alpha_j Ad(t - T_{jd})c(t - T_{jd})c(t - T_{1d})\cos(\varphi_j - \varphi_1) \quad (4\text{-}86)$$

式(4-86)中第一项是我们期望的直达波束，第二项是多径干扰。由于低通滤波器的带宽很窄，第二项中 $c(t - T_{id})c(t - T_{1d})$ 的高频分量不能通过低通滤波器，而 $c(t - T_{id})c(t - T_{1d})$ 的低频分量为

$$R_c(\varepsilon_i T_c) = E[c(t - T_{id})c(t - T_{1d})] \quad (4\text{-}87)$$

式中，$\varepsilon_i = (T_{id} - T_{1d})/T_c$，令 $\varphi'_i = \varphi_i - \varphi_1$，多径干扰信号通过低通滤波器的输出为

$$v_2(t) = \int_{-\infty}^{\infty} \sum_{j=2}^{M} \alpha_j Ad(\alpha - T_{jd})R_c(\varepsilon_j T_c)\cos\varphi'_j h(t - \alpha)d\alpha$$

假设 φ'_j 在 $[0, 2\pi]$ 上均匀分布，$v_2(t)$ 的均值为

$$E[v_2(t)] = 0 \quad (4\text{-}88)$$

$v_2(t)$ 的方差为

$$D[v_2(t)] = E\left[\sum_{i=2}^{M}\sum_{j=2}^{M} \alpha_i \alpha_j A^2 R_c(\varepsilon_i T_c)R_c(\varepsilon_j T_c)\cos\varphi'_i \cos\varphi'_j \times \right.$$

$$\left. \int_{-\infty}^{\infty}\int_{-\infty}^{\infty} d(\alpha - T_{id})d(\beta - T_{jd})h(t - \alpha)h^*(t - \beta)d\alpha d\beta \right]$$

$$= \sum_{j=2}^{M} \frac{(\alpha_j A)^2}{2}R_c^2(\varepsilon_j T_c)\int_{-\infty}^{\infty}\int_{-\infty}^{\infty} R_d(\beta - \alpha)h(t - \alpha)h^*(t - \beta)d\alpha d\beta$$

$$(4\text{-}89)$$

式(4-89)在频域表示为

$$P_{v_2} = \sum_{j=2}^{M} \frac{(\alpha_j A)^2}{2}R_c^2(\varepsilon_j T_c)\int_{-\infty}^{\infty} S_d(f)|H(f)|^2 df$$

$$= \sum_{j=2}^{M} \frac{(\alpha_j A)^2}{4}R_c^2(\varepsilon_j T_c) \quad (4\text{-}90)$$

当 $\varepsilon_j > 1$ 时，$R_c^2(\varepsilon_j T_c) \approx 0$（当扩频码长度 N 足够长时），到达接收机的多径干扰信号通过相关解扩时，被作为随机干扰抑制掉了。当 $\varepsilon_j < 1$ 时

$$P_{v_2} = \sum_{j=2}^{M} \frac{(\alpha_j A)^2}{4}(1 - \varepsilon_j)^2 \quad (4\text{-}91)$$

由于 $(1 - \varepsilon_j) < 1$，$P_{v_2} < \sum_{j=2}^{M} (\alpha_j A)^2/4$，多径干扰的影响减轻了。

下面我们来分析频率跳变系统抗多径干扰的能力。设发射的跳频信号相位是连续的且为 0，则可表示为

$$s(t) = Ad(t)\sum_{k=1}^{N}\cos(2\pi f_k t)g_{T_c}(t - kT_c) * \sum_{m=-\infty}^{\infty} \delta(t - mNT_c) \quad (4\text{-}92)$$

到达接收机的信号为

$$r(t) = \sum_{j=1}^{M} \alpha_j Ad(t - T_{jd})\sum_{k=1}^{N}\cos(2\pi f_k t + \varphi_j)g_{T_c}(t - T_{jd} - kT_c) * \sum_{m=-\infty}^{\infty} \delta(t - mNT_c)$$

$$(4\text{-}93)$$

假设第 1 径电波为直达波,并且接收机已取得了同步,$\hat{T}_d = T_{1d}$,$\hat{\varphi} = \varphi_1$。在忽略和频项后,混频器的输出为

$$u(t) = \alpha_1 Ad(t - T_{1d})\cos(2\pi f_{IF} t) +$$

$$\sum_{j=2}^{M} \alpha_j Ad(t - T_{jd}) \sum_{k=1}^{N} \sum_{i=1}^{N} \cos[2\pi(f_{IF} + f_i - f_k)t + \varphi_1 - \varphi_j] \times$$

$$g_{T_c}(t - T_{jd} - kT_c) g_{T_c}(t - T_{1d} - iT_c) * \sum_{m=-\infty}^{\infty} \delta(t - mNT_c) \tag{4-94}$$

式(4-94)的第一项是直达波束,第二项是多径干扰,只有当 $i = k$ 时,多径干扰才能通过中频滤波器,所以中频滤波器的输出为

$$v(t) = \int_{-\infty}^{\infty} \alpha_1 Ad(\alpha - T_{1d})\cos(2\pi f_{IF}\alpha) h(\alpha - t) d\alpha +$$

$$\int_{-\infty}^{\infty} \left[\sum_{j=2}^{M} \alpha_j Ad(\alpha - T_{jd})\cos(2\pi f_{IF}\alpha + \varphi_j') \times \sum_{k=1}^{N} g_{T_c}(\alpha - T_{jd} - kT_c) g_{T_c}(\alpha - T_{1d} - kT_c) * \right.$$

$$\left. \sum_{m=-\infty}^{\infty} \delta(\alpha - mNT_c) \right] h(t - \alpha) d\alpha \tag{4-95}$$

式中,

$$\varphi_j' = \varphi_1 - \varphi_j$$

当 $T_{jd} - T_{1d} \geqslant T_c$ 时,式(4-95)的第二项为 0。在这种情况下,到达接收机的多径信号不会对接收机的输出产生影响。这一点很好理解,因为到达接收机的多径信号因延迟太大,接收机中本地振荡器输出的信号已经跳变到另一个频率上了。下面我们只考虑 $T_{jd} - T_{1d} < \varepsilon_j T_c (\varepsilon_j < 1)$ 的情况。

式(4-95)中,令

$$G(t) = \sum_{k=1}^{N} g_{T_c}(t - T_{id} - kT_c) g_{T_c}(t - T_{1d} - kT_c) * \sum_{m=-\infty}^{\infty} \delta(t - mNT_c)$$

$$= g_{T_c}(t - T_{id}) g_{T_c}(t - T_{1d}) * \sum_{m=-\infty}^{\infty} \delta(t - mT_c) \tag{4-96}$$

假设中频滤波器的通频带很窄,$G(t)$ 的高频分量不能通过中频滤波器,$G(t)$ 的均值为

$$E[G(t)] = 1 - \varepsilon_i \tag{4-97}$$

多径干扰信号通过中频滤波器后的输出为

$$v_2(t) = \sum_{j=2}^{M} \alpha_j A(1 - \varepsilon_j) \int_{-\infty}^{\infty} d(\alpha - T_{jd})\cos(2\pi f_{IF}\alpha + \varphi_j') h(t - \alpha) d\alpha \tag{4-98}$$

假设 φ_j' 在 $[0, 2\pi]$ 是均匀分布的,$v_2(t)$ 的均值为

$$E[v_2(t)] = 0$$

$v_2(t)$ 的方差为

$$D[v_2(t)] = E\left\{ \sum_{i=2}^{M} \sum_{j=2}^{M} \alpha_i \alpha_j A^2 (1-\varepsilon_i)(1-\varepsilon_j) \times \right.$$

$$\int_{-\infty}^{\infty} \int_{-\infty}^{\infty} \left[d(\alpha - T_{jd}) d(\beta - T_{id}) \cos(2\pi f_{IF}\alpha + \varphi_i) \times \right.$$

$$\left. \cos(2\pi f_{IF}\beta + \varphi_j) h(t-\alpha) h^*(t-\beta) \right] d\alpha d\beta \Big\}$$

$$= \sum_{j=2}^{M} \frac{(\alpha_j A)^2}{2} (1-\varepsilon_j)^2 \int_{-\infty}^{\infty} R_d(\beta - \alpha) \times$$

$$\cos[2\pi f_{IF}(\beta - \alpha)] h(t-\alpha) h^*(t-\beta) d\alpha d\beta \qquad (4\text{-}99)$$

式(4-99)在频域表示为

$$P_{v_2} = \sum_{j=2}^{M} \frac{(\alpha_j A)^2}{2} (1-\varepsilon_j)^2 \int_{-\infty}^{\infty} \frac{1}{2} [S_d(f-f_{IF}) + S_d(f+f_{IF})] |H(f)|^2 df$$

$$= \sum_{j=2}^{M} \frac{(\alpha_j A)^2}{4} (1-\varepsilon_j)^2 \qquad (4\text{-}100)$$

所得结果与直接序列系统相同。归纳扩频通信系统抗多径干扰的原因如下：

（1）对于直接码序列扩展频谱通信系统，由于伪随机码的相关函数具有尖锐的峰值特性。当多径传播时延 τ 小于一个码元宽度 T_c 时，反射信号与直接信号叠加，可看做信号的一部分，对有用数字信号略有影响，叠加在伪随机码上的信号只影响其幅度，而不产生对伪随机码宽度的展宽或压缩，所以不影响系统的信息传输。当多径时延超过一个码元宽度 T_c 时，由于 $R_c(\tau)=0$，表明反射信号和直接信号不相关，系统将其作为干扰噪声处理了。

（2）当伪随机码的码元宽度 T_c 相当窄，并且码长 N（周期）很长时，系统的频谱很宽，反射回来的多径频率分量不可能同相地到达接收点，所形成的多径干扰信号在相关检测中被削弱。信号小部分频谱分量的衰落不会使信号产生严重畸变，故扩频通信系统有抗频率选择性衰落的能力。

（3）在频率跳变扩展频谱通信系统中，其瞬时带宽一般都能满足相关带宽的要求，所以干扰信号不影响系统接收有用信号。

以上是考虑多个单一反射或折射的情况，对于某些信道或传输情况，多径效应产生的是（交叉）群反射或折射，多径干扰信号可作为随机变量处理。

总的说来，在一般常规通信体制中，被认为极难对付的多径干扰，在扩展频谱通信系统中得到很好的解决。

对于多径时延 τ 值大小的计算，虽然有计算公式，但由于系统工作的环境变化，信道不同，多径效应产生的群反射是一随机变量，一般得不到可信的计算结果。在工程设计上，通常采用统计测量的办法，给出一些经验数据供系统设计人员使用。表 4-1 给出了国外的一些统计测量数据。

表 4-1　几种信道的传播时延

信道形式	传播时延值 τ
短波电离层信道	$0.1 \sim 2$ ms
超短波信道	$0.1 \sim 10\ \mu$s（前者为乡村，后者相当于城市）
散射信道	$0.1 \sim 3\ \mu$s（前者为平地近距，后者为远距）

4.4　扩频通信系统码分多址能力的分析

码分多址是由扩频理论和技术引出的一种完全不同于频分多址和时分多址的方法。它不是企图分配互不相同的频带资源或时间资源，而是把所有的频率资源和时间资源都分配给同时接受服务的所有用户，但把每个用户所传送的功率控制在达到最低性能要求所要保持的信噪比上。每个用户采用一个噪声式的宽带信号并可以任意长时间地占有整个给定的频带。这样一来，影响所有用户的背景干扰和噪声来自每一个用户，但是其输出功率被控制在最低可能的程度上。虽然通信容量受到这一干扰和噪声的影响，但时间和频带资源没有受到限制，最终的通信容量要比频分多址和时分多址的容量要大得多。

下面我们粗略估计一下扩频通信系统的容量。

假设信道为高斯白噪声信道，每个用户发送的功率都受到控制，从而基站所接收到的所有用户的功率都相等。如果基站收到每个用户的信号功率为 P，在忽略噪声背景的情况下，基站解调器所受到的其他用户的干扰功率 P_J 为

$$P_J = (M-1)P \tag{4-101}$$

式中，M 为相等能量用户的总数。

假设在比特能量/噪声密度（信噪比）为 $E_b/N_0(S/N)$ 时，基站的数字解调器能在高斯噪声下工作。该 E_b/N_0 参数为数字解调器的品质因素。E_b/N_0 的数值在 $3 \sim 9$ dB 之间，这取决于调制制式和解调器的实现方式、系统要求的误码率和纠错方法等。基站解调器所接收到的噪声密度为

$$N_0 = \frac{P_J}{B} \tag{4-102}$$

由于噪声带宽 B 为全部扩频信号的带宽，我们假设在此带宽内频谱密度是均匀的。同样，接收信号的每比特能量是接收到的信号功率除以每秒内的数据速率，即

$$E_b = \frac{P}{R_b} \tag{4-103}$$

把式(4-101)、式(4-102)和式(4-103)结合起来，我们就可以得到扩频通信系统中用户总数与解调器所要求的 E_b/N_0 之间的关系表达式

$$M-1 = \frac{N_0 b}{E_b R_b} = \frac{(B/R_b)}{(E_b/N_0)} \tag{4-104}$$

注意到式(4-104)中 $B/R_b = G_p$ 为扩频系统的扩频处理增益，这样式(4-104)可改写为

$$M-1 = \frac{G_p}{(E_b/N_0)} \tag{4-105}$$

我们可以定性地说,在 CDMA 系统中用户容量数 M 和扩频处理增益 G_p 成正比(当 $M \gg 1$ 时),即系统内的用户数量随着系统扩频处理增益的增大而增加。

以上讨论的是一个孤立系统的情况。而实际系统中有两个因素应考虑。

(1)对一个蜂窝 CDMA 系统来讲,所有小区中的全部用户都占有同一频带 W,所以在分析系统容量时,必须要考虑其他小区的用户对本小区中的每个用户的干扰。理论研究表明:如果所有用户均匀分布在每个小区中,并且基站能恰当地控制用户发送的功率,那么,所有其他小区产生干扰的总和大约是本小区所有其他用户产生干扰的 3/5 倍,即相对干扰因子为

$$\xi = \frac{\text{来自其他小区的干扰}}{\text{来自本小区的干扰}} = \frac{3}{5} = 0.6 \tag{4-106}$$

(2)当话音(或数据)停顿或减小的时候,停止传送可以降低传输速率或功率。对于均匀分布的所有用户来说,这样做可以减少用户的平均输出功率,可以减小每个用户所受到的干扰。只要用户总数足够大,大数定理表明:干扰在大多数情况下将保持在均值附近。这样,容量随着总体传送速率的减小而成正比例的增大。我们把这一比率称为话音激活增益 G_V。大量的双向电话通话统计数据已经证实,话音活动只占全部通话时间的 3/8,即 $G_V = 8/3 = 2.67$。考虑到相对干扰因子 ξ 的影响,式(4-105)所表示的容量必须降低 $1+\xi$ 倍;考虑到话音激化增益 G_V 的影响,式(4-105)所表示的容量必须增大 G_V 倍。这样式(4-105)可修正为

$$M - 1 = \frac{G_p}{(E_b/N_0)} \frac{G_V}{1+\xi} \tag{4-107}$$

通常 $M \gg 1$,式(4-107)可简化为

$$M = \frac{G_p}{(E_b/N_0)} \frac{G_V}{1+\xi} \tag{4-108}$$

以上分析所给出的系统可容纳的用户数的公式,只是一个粗略的估计,其目的是概括地说明 CDMA 系统用户容量的基本参数,给出 CDMA 系统用户容量和系统扩频处理增益之间的基本关系。

第5章
扩展频谱通信系统伪随机序列的设计

5.1 伪随机序列的产生和发展

伪随机序列(Pseudo Random Sequence)的理论与应用,从产生到发展,至今已有 50 多年的历史。但是,这项理论与技术并不像某些其他所谓新思想那样,突然爆发出来,形成一阵热潮,尔后不久便逐渐销声匿迹乃至无人问津。伪随机序列(又称伪噪声序列)的理论在它形成的初期,便在通信、雷达、导航以及密码学等重要的技术领域中获得了广泛的应用。而在近年来的发展中,它的应用范围远远超出了上述领域之外,如自动控制、计算机、声学和光学测量、数字式跟踪和遥测遥控以及数字网络系统的故障检测等。正像它的丰富多彩的应用吸引着许多工程技术人员一样,它的优美奇妙的数学理论以及许多尚待解决的数学问题也引起了理论工作者的极大兴趣。

1948 年,美国贝尔实验室青年科学家,年仅 32 岁的信息论奠基人克劳德·艾尔伍德·香农(Claude Elwood Shannon)在贝尔系统技术杂志上发表了一篇题为"通信的数学理论"长篇论文,他以新颖的科学观念和统计的数学方法系统的阐明了通信系统中信息的概念。香农在论文中指出:只要信息速率 R_b 小于信道容量 C,则总可以找到某种编码方法,在码周期相当长的条件下,能够几乎无差错地从收到高斯噪声干扰的信号中复制出原发信息。同时香农在证明编码定理的时候,提出用具有白噪声统计特性的信号来编码。白噪声是一种随机过程,它的瞬时值服从正态分布,功率谱在很宽频带内都是均匀的。但是至今仍无法实现对白噪声放大、调制、检测、同步及控制等,因此目前要实现真正的随机过程是不可能的,只能用具有类似于带限白噪声统计特性的伪随机序列信号来逼近它,这也就引起了人们对伪随机序列的研究热情,于是便产生了伪随机序列理论与应用这个新的课题方向。

在过去的几十年中,国内外学者经过不断地努力,在这方面取得了不少突破性成就,成功地设计出许多类同时具有良好循环自相关与互相关特性的序列和阵列,特别是从理论上给出了循环相关函数的性质和码限,这对于进一步研究具有良好循环自相关和互相关特性的序列和阵列有重要的指导意义。同时,由于具有良好循环相关特性的伪随机序列或序列族往往与一些著名的区组设计等价,致使对于伪随机序列的研究不但有重要的实际意义,而且还有重要的理论意义。

伪随机序列的研究开始于 20 世纪 50 年代,早期关于它的研究成果主要来自于美国。

早在 1955 年,美国科学家 Golomb 和 Zierler 就发表了关于最大长度线性移位寄存器序列(m 序列)特性的结果。m 序列是一种重要的伪随机序列,也是目前序列研究中理论最完备、应用最广泛的一种伪随机序列,并且它是研究和构造其他扩频序列的基础。

按照信号元素的取值,已有的循环相关伪随机序列可以分为两大类。一类是复值或实值序列和阵列,这种序列的特点是它的元素取自复数域或实数域中的任何一个部分。由于此类序列取值的复杂性,它们更常用于模拟通信系统中。这类信号的主要成果有:Alltop 序列、基于多项式的多元序列和三角序列等。另一类是整值序列或阵列,其特点是元素取值简单,例如,仅取 +1 和 -1;或仅取 0 和 1;或仅从某个有限域中取值(即多元情形)等。这一类序列适于数字系统使用,主要成果有移位寄存器序列、Walsh 编码、Hadamard 编码、平方剩余码(指数码或 Legender 序列)、辛格码、雅可比码、霍尔码、光正交码、Frank 序列、Golomb 序列、Chirp 序列、GMW 序列、Bent 序列、No 序列、交织序列和相控序列等。

从伪随机序列的设计方法来看,目前所用的主要方法有:

(1) 线性和非线性移位寄存器方法。这是工程中用得最多的方法,线性移位寄存器是在 17 世纪提出的线性递归概念的基础上发展起来的,1955 年 Gibert 首先用它来产生了最大长度的线性序列。由于代数理论的深入发展,后经 Welch 和 Zierler 等人的有效研究,发展形成了现在的线性伪随机序列理论。这部分序列主要有 m 序列、Gold 序列、Kasami 序列等。其中 m 序列是最著名的一种,它序列平衡,有最好的自相关特性,有低的互相关特性的优选序列关联集,有较好的部分相关特性。但其缺点是线性复杂度太小,在某些工程应用(如扩频保密通信)中受到限制。非线性寄存器序列由 Welch 和 Golomb 等人发展起来,现已取得很多成果,主要成果有 m 序列、Bent 序列、GMW 序列等。与线性移位寄存器序列相比,非线性移位寄存器序列除具有线性移位寄存器序列的特点外,还有序列的复杂度大等优点。移位寄存器序列的许多实例已在扩频通信等通信工程设计中得到应用。然而,非线性移位寄存器序列理论仍很不完善,目前还存在大量的问题有待研究。

(2) 有限域方法。这是一种很先进效果很好的设计方法,其唯一的缺点是它需要有较深的数学基础,一般工程技术人员难以掌握和灵活使用。但随着有限域理论知识的逐步普及,今后有限域方法将会在伪随机序列设计理论中发挥越来越大的作用。例如,迹函数现在就已经比较广泛地用于循环相关信号的工程设计中;另外用有限域方法成功地构造了一批 Costas 阵列(一种非循环相关最佳阵列)也是一个很好的例证,但是 Costas 阵列还有许多尚未解决的疑难问题,并且在研究 Costas 阵列过程中还提出一些与有限域本原元素有关未解决的问题和猜想。

(3) 布尔函数方法。采用布尔函数方法设计出的有良好循环相关序列的代表是著名的 Bent 序列,运用布尔函数方法解决了存疑多年的高维 Hadamard 矩阵猜想问题,也充分说明布尔函数在伪随机序列设计领域有着广阔的应用前景。

(4) 多项式方法。利用多项式,特别是一些低阶多项式,可以设计出一批能使循环自相关和互相关同时达到最佳状态的序列集。

(5) 混沌信号构造法。利用混沌信号产生伪随机序列的过程,其实质是将实值混沌信号转换为符号序列的过程。目前混沌扩频序列的产生主要有以下几种形式。

① 实值序列。直接用混沌映射产生的实值序列去扩展信号频谱。

② 二进制序列。将混沌映射的实值序列进行二值量化得到二进制序列。

③ 多进制序列。将混沌映射的实值序列进行多值量化得到多进制序列。

混沌扩频序列具有较大的线性复杂度,各频率分布均匀,汉明相关性能略差于基于 m 序列或 GMW 序列等构造的扩频序列,具有实际应用前途。遗憾的是,混沌扩频序列的汉明相关性能无法从理论上推导出来,目前的研究方法均是在构造出给定频率数目和序列长度的混沌扩频序列后,通过计算机进行汉明相关性能的仿真计算。

除上述几种主要的最佳信号的构造方法外,常用的设计方法还有三角函数方法、数论方法、矩阵方法、组合数学方法,以及其他多种混合方法。这些研究方法对于很多类型的伪随机序列研究是非常有效的。综上所述,伪随机序列的研究从开始到现在已经硕果累累,国内外许多专家学者构造出不少具有较好性能的伪随机序列。但是随着扩频通信系统其他方面的飞速发展以及越来越高的软硬件要求,对扩频序列的要求也就越来越高。扩频序列快速简单的实现、序列各种特性快速判断的实现以及构造具有更好特性的扩频序列等都成了目前扩频序列研究的发展方向。

5.2 有限域理论

在伪随机序列的设计和研究中需要大量有限域的知识,因此我们有必要提前介绍一下相关的知识。我们首先介绍域的概念。设 F 是一个非空集合,若 F 中的任意两个元素 a、b 的和与积仍是 F 中的元素,则称 F 对于加法运算和乘法运算是自封的或封闭的。如果 F 对于规定的加法和乘法运算是自封的,并且以下运算规则成立,则说 F 对于所规定的加法运算和乘法运算是一个域。

对任意 $a,b \in F$ 有

$$\left.\begin{array}{l} a+b=b+a \\ a \cdot b=b \cdot a \end{array}\right\} \quad (交换律) \tag{5-1}$$

对任意 $a,b,c \in F$ 有

$$\left.\begin{array}{l} (a+b)+c=a+(b+c) \\ (a \cdot b) \cdot c=a \cdot (b \cdot c) \end{array}\right\} \quad (结合律) \tag{5-2}$$

F 中有一个元素,记做 0,对 F 中的任意元素,下式成立:

$$a+0=a \tag{5-3}$$

F 中任意元素 a 都有负元素 $-a$,$-a$ 具有如下性质:

$$a+(-a)=0 \tag{5-4}$$

F 中有一个单位元素,记做 1,对 F 中任意元素 a,下式成立:

$$a \cdot 1=a \tag{5-5}$$

F 中任意非零元素 a 都有一相乘逆元素

$$a \cdot a^{-1}=1, a \neq 0 \tag{5-6}$$

对 F 中任意 a,b,c 有

$$a \cdot (b+c)=a \cdot b+a \cdot c (分配律) \tag{5-7}$$

域 F 中元素的个数称为域 F 的阶数。若 F 的元素个数为无限多个,称 F 为无限域。若 F 的元素个数为有限多个,称 F 为有限域或伽罗瓦(Galois)域。如 F 中有 n 个元素,我们称 F 为 n 阶有限域。

根据上述定义,有理数集合 **Q** 和实数集合 **R** 对它们的加法运算和乘法运算来说是一个域,分别称为有理数域和实数域。复数集合 **C** 对复数的加法运算和乘法运算也是一个域,叫做复数域。显然,以上 3 种域均为无限域。而 **R** 是 **C** 的子集,**R** 中的加法运算和乘法运算就是把 **R** 中的元素看成 **C** 中的元素所作的加法和乘法运算。因此,可以说 **R** 是 **C** 的子域。

在编码里用的是元素个数有限的有限域。常用的只含(0,1)二个元素的二元集 F_2。由于受自封性的限制,这个二元集只有对模 2 加和模 2 乘才是一个域。同理,一个 3 个元素的集 F_3(0,1,2)对模 3 加和模 3 乘是一个有限域。

一般来说,对整数集 $F_p=0,1,2,\cdots,p-1$,若 p 为素数,对于模 p 的加法运算和乘法运算来说,F_p 是一个有限域。

我们可以利用移位寄存器作为扩频码产生器,用来产生二元域 F_2 及其扩展域 F_{2^m} 中的各个元素,这里 m 是正整数。这时要用到域上多项式的概念。域上多项式定义为

$$f(x) = a_0 + a_1x + a_2x^2 + \cdots + a_nx^n = \sum_{i=0}^{n} a_ix^i \tag{5-8}$$

把它称为域 F 上的 n 次多项式,记作 $\partial^0 f(x)=n$。这里 a_i 是域 F 的元素,a_nx^n 称为 $f(x)$ 的首项,a_n 叫做 $f(x)$ 的首项系数。记域 F 上所有多项式组成的集合为 $F(x)$。设 $g(x)$ 是 $F(x)$ 中另一多项式

$$g(x) = \sum_{i=0}^{m} b_ix^i \tag{5-9}$$

若 $n \geqslant m$,规定 $f(x)$ 和 $g(x)$ 的和为

$$f(x) + g(x) = \sum_{i=0}^{n} (a_i + b_i)x^i \tag{5-10}$$

式中,$b_{m+1}=b_{m+2}=\cdots=b_n=0$。规定 $f(x)$ 和 $g(x)$ 的积为

$$f(x) \cdot g(x) = \sum_{i=0}^{n+m} (\sum_{j=0}^{i} a_jb_{i-j})x^i \tag{5-11}$$

若 $g(x) \neq 0$,则在 $F(x)$ 中总能找到一对多项式 $q(x)$(称为商)和 $r(x)$(称为余式),使得
$$f(x) = q(x)g(x) + r(x) \tag{5-12}$$
这里 $\partial^0 r(x) < \partial^0 g(x)$,即 $r(x)$ 的最高幂次数小于 $g(x)$ 的最高幂次数。式(5-12)叫做带余除法算式。当余式 $r(x)=0$ 时,我们就说 $f(x)$ 可被 $g(x)$ 整除或 $g(x)$ 能整除 $f(x)$。若 $g(x)$ 能整除 $f(x)$,即 $r(x)=0$,我们就说 $g(x)$ 是 $f(x)$ 的因式,或 $f(x)$ 是 $g(x)$ 的倍式。

设 $f(x)$、$g(x)$ 和 $c(x) \neq 0$ 都是 $F(x)$ 中的多项式,若 $c(x)$ 既是 $f(x)$ 的因式,又是 $g(x)$ 的因式,我们就说 $c(x)$ 是 $f(x)$ 和 $g(x)$ 的公因式。我们把 $f(x)$ 和 $g(x)$ 中的公因式中次数最高且首项系数等于 1 的多项式 $d(x)$ 叫做它们的最高公因式,记做
$$d(x) = (f(x), g(x)) \tag{5-13}$$
若 $d(x)=1$,就说 $f(x)$ 和 $g(x)$ 为互素多项式。

设 $f(x)$、$g(x)$ 和 $c(x)$ 都是 $F(x)$ 中的多项式,而 $a(x) \neq 0$,$b(x) \neq 0$。若 $c(x)$ 既是 $f(x)$ 的倍式,又是 $g(x)$ 的倍式,就称 $c(x)$ 是 $f(x)$ 和 $g(x)$ 的公倍式。在 $f(x)$ 和 $g(x)$ 的公倍式中次数最低、首项系数为 1 的公倍式 $d(x)$ 叫做最小公倍式。记做
$$d(x) = [f(x), g(x)] \tag{5-14}$$

若 $p(x)$ 是 $F(x)$ 中的一个次数 $\geqslant 1$ 的多项式,即 $\partial^0 f(x) \geqslant 1$,且 $p(x)$ 在 $F(x)$ 中的一个因式只有 F 中的非 0 元素 c 和 $cp(x)$,我们就说 $p(x)$ 是 $F(x)$ 中的一个不可约多项式。否则,$p(x)$ 就是可约多项式。显然,$p(x)$ 是不可约多项式的充要条件是 $p(x)$ 不能表成 $F(x)$ 中两个次数小于 $p(x)$ 次数的多项式的乘积。

有了多项式的可约和不可约的概念,就有下列唯一因式分解定理。这个定理是说:域 F 上任一次数大于或者等于 1 的多项式 $f(x)$ 都可表成 $F(x)$ 中一些不可约多项式的乘积。更进一步,如果

$$f(x) = p_1(x)p_2(x)\cdots p_r(x) = q_1(x)q_2(x)\cdots q_s(x) \tag{5 15}$$

是将 $f(x)$ 分解成不可约多项式之积的两种不同表示方法,那么一定有 $r=s$,且适当重排因式的次序之后,必有

$$p_i(x) = c_i q_i(x) \tag{5-16}$$

式中,$c_i(i=1,2,\cdots,r)$ 是 F 中一些非 0 元素。

若 $p(x)$ 是 $F(x)$ 中的一个 r 次不可约多项式。令 $F(x)_{p(x)}$ 表示 $F(x)$ 中所有次数小于 r 的多项式的集合,即

$$F(x)_{p(x)} = \{a_0 + a_1 x + a_2 x^2 + \cdots + a_{r-1} x^{r-1} \mid a_0, a_1, a_2, \cdots, a_{r-1} \in F\} \tag{5-17}$$

设 $f(x), g(x) \in F(x)_{p(x)}$,则可以将 $f(x)$ 与 $g(x)$ 的和与积表示为

$$\begin{cases} f(x) \oplus g(x) = (f(x) + g(x))_{p(x)} = f(x) + g(x) \\ f(x) \otimes g(x) = (f(x) \cdot g(x))_{p(x)} \end{cases} \tag{5-18}$$

我们把 $F(x)_{p(x)}$ 中的加法和乘法分别叫做模 $p(x)$ 的加法和模 $p(x)$ 的乘法。可以验证 $F(x)_{p(x)}$ 对于模 $p(x)$ 的加法运算和模 $p(x)$ 的乘法运算是一个域。

F 中的元素包括零元素和单位元素也都是 $F(x)_{p(x)}$ 中的元素。更进一步,F 中任意两个元素 a 和 b,将它们看做 $F(x)_{p(x)}$ 中的元素进行加法运算和乘法运算得到的和 $a \oplus b$ 与积 $a \otimes b$,与将它们看做 F 中的元素进行加法运算和乘法运算得到的和 $a+b$ 与积 $a \cdot b$ 是一样的,即

$$a \oplus b = (a+b)_{p(x)} = a+b$$
$$a \otimes b = (a \cdot b)_{p(x)} = a \cdot b \tag{5-19}$$

因此,F 是 $F(x)_{p(x)}$ 的子域。

如果

$$p(x) = p_0 + p_1 x + p_2 x^2 + \cdots + p_r x^r, \quad p_i \in F \tag{5-20}$$

是 $F(x)$ 中的一个不可约多项式。若在 $F(x)_{p(x)}$ 中有 $p(x)$ 是 $F(x)$ 中的一个多项式,a 是 F 中的一个元素。用 $(x-a)$ 去除 $p(x)$ 得

$$p(x) = q(x)(x-a) + c \tag{5-21}$$

在上式中令 $x=a$ 得

$$p(a) = c \tag{5-22}$$

即余式 c 是 $p(a)$ 在 $x=a$ 时的值 $p(a)$。若 $p(a)=0$,a 是 $p(x)$ 的根。显然 a 是 $p(x)$ 的根的充要条件是 $(x-a)$ 能除尽 $p(x)$。若 $p(x)$ 次数为 r,$p(x)$ 最多有 r 个不同根。

如果 F 是 q 个元素的一个有限域,那么,

$$F(x)_{p(x)} = \{a_0 + a_1 x + a_2 x^2 + \cdots + a_{r-1} x^{r-1} \mid a_0, a_1, a_2, \cdots, a_{r-1} \in F\} \tag{5-23}$$

中的 $a_0, a_1, a_3, \cdots, a_{r-1}$ 都可以是 q 个元素中的任一个。这样,$F(x)_{p(x)}$ 是 q^r 个元素的有限域。一般来说,对于任意素数 p 和正整数 r,存在一个恰含 p^r 个元素的有限域,以 F_{p^r} 或 GF

(p^r) 表示。

例1 设 $p=2$，$p(x)=x^2+x+1$ 是 $F_2(x)$ 中的多项式。由于 $p(0)=1\neq 0$，$p(1)=1\neq 0$，所以 $p(x)$ 在二元域 $\{0,1\}$ 中没有根，$p(x)$ 是一个不可约多项式。而 $F(x)_{p(x)} = F_2(x)_{x^2+x+1}$ 是恰含 $2^2=4$ 个元素的有限域。实际上，

$$F_2(x)_{x^2+x+1} = \{0,1,x,x+1\}$$

根据 $F_2(x)_{x^2+x+1}$ 中加法和乘法的定义，$F_2(x)_{x^2+x+1}$ 的加法表和乘法表如表 5-1 所示。

表 5-1 $F_2(x)_{x^2+x+1}$ 的加法表和乘法表

$\oplus$	0	1	x	$x+1$		$\otimes$	0	1	x	$x+1$
0	0	1	x	$x+1$		0	0	0	0	0
1	1	0	$x+1$	x		1	0	1	x	$x+1$
x	x	$x+1$	0	1		x	0	x	$x+1$	1
$x+1$	$x+1$	x	1	0		$x+1$	0	$x+1$	1	x

由以上讨论知道，在一个域中可以进行加法和乘法两种运算。如果在一个元素集合 G 中只能进行加法或乘法一种运算，就把 G 叫做加法交换群或乘法交换群。若 G 的阶（即元素个数）是无限的，就把它叫做无限交换群，若 G 的阶是有限的，就把它叫做有限交换群。显然，域 F 对加法是一个交换群，而 F 中所有非零元素组成的集合 $F*$，对于乘法来说也是交换群。

设 a 是乘法交换群 G 中任意一个元素，若对于任意正整数 n 都有 $a^n\neq 1$，就把 a 叫做无限阶元素。如果有正整数 n 使 $a^n=1$，就把 a 叫做有限阶元素，而使 $a^n=1$ 的最小正整数 n 称为 a 的阶。若 a 是一个 n 阶元素，则

$$a^0=1,a,a^2,\cdots,a^{n-1}$$

是 G 中 n 个不同元素。由此得知，有限交换群中所有元素都是有限阶的。

设 G 是一个 n 阶乘法交换群。若 G 中有一个 n 阶元素，则 G 中 n 个元素都可以表示成 a 的幂，即

$$G=\{1,a,a^2,\cdots,a^{n-1}\} \tag{5-24}$$

这时 G 就是一个 n 阶循环群，而 a 叫做 G 的一个生成元。可以证明任一有限域 F 中所有非零元素组成的有限交换乘法群 $F*$ 都是循环群。$F*$ 中一定有生成元存在，而有限域的交换群的生成元称为该有限域的本原元。

若 a 是有限域 F 的一个本原元，则 a 一定是一个 n 阶元素，并且 F 的 n 个非零元素幂都可以表示成 a 的幂，据此可给出本原元的另一个定义：若有限域 F 中存在一非零元素 a，而 F 中的所有非零元素都可用 a 的幂来表示，则称元素 a 为有限域 F 的本原元。可以证明有限域中一定有本原元存在。如上述例 1 中的 x 是有限域 $F_2(x)_{x^2+x+1}$ 的一个本原元，事实上

$$x^0=1,x^1=x,x^2=x+1,x^3=1 \pmod{x^2+x+1}$$

同样可以证明 $x+1$ 也是有限域 $F_2(x)_{x^2+x+1}$ 的一个本原元，这是因为

$$(x+1)^0=1,(x+1)^1=x+1,(x+1)^2=x,(x+1)^3=1 \pmod{x^2+x+1}$$

有限域的理论已经证明：2^r 阶有限域 $GF(2^r)$ 中有 $\varphi(2^r-1)$ 个本原元，$\varphi(2^r-1)$ 是欧拉（Euler）φ 函数。欧拉 φ 函数的计算方法参见附录。

5.3　迹函数及其性质

在 5.2 节我们提到构造伪随机序列应用有限域方法是一种很先进效果很好的设计方法,有限域方法在伪随机序列设计理论中发挥着越来越大的作用。而在有限域方法的研究中,迹函数法有着非常重要的地位。迹函数本身其实很朴素,它只不过是有限域理论中的一种经典映射函数,但是很多序列都可以经过迹函数的适当组合而得到,因此这就启发人们巧妙的组合迹函数得到了多类性能优良的伪随机序列。目前常见的伪随机序列都可以用迹函数的形式表达出来,虽然迹函数计算公式比较烦琐,而且不易理解,但是序列用迹函数表示后,变得十分整洁,有利于从理论上对这些序列进行深入分析。所以说迹函数法是构造伪随机序列的一个重要工具,也是伪随机序列理论研究的基础,因此在这里我们有必要对迹函数进行一下介绍。

设 p 为一个素数,q 为 p 的某个阶数次幂,$\mathrm{GF}(q)$ 表示含有 q 个元素的 Galois 域。

定义 5.1　迹函数 $y = \mathrm{tr}_q^n(x)$ 表示由 $\mathrm{GF}(q^n)$ 到其子域 $\mathrm{GF}(q)$ 的一个映射,即对任意的 $x \in \mathrm{GF}(q^n)$ 有

$$\mathrm{tr}_q^n(x) = \sum_{i=0}^{n-1} x^{q^i} \tag{5-25}$$

迹函数满足如下性质:

(1) 对任意的 $m \geq 1, n \geq 1$ 有

$$\mathrm{tr}_q^{mm}(x) = \mathrm{tr}_q^n(\mathrm{tr}_{q^n}^{mm}(x)) \tag{5-26}$$

式中,$x \in \mathrm{GF}(q^{mm})$。

(2) 迹函数是线性函数(即对于任意的 $a, b \in \mathrm{GF}(q)$ 且 $x, y \in \mathrm{GF}(q^n)$)有

$$\mathrm{tr}_q^n(ax + by) = a\mathrm{tr}_q^n(x) + b\mathrm{tr}_q^n(y) \tag{5-27}$$

(3) 方程

$$\mathrm{tr}_q^n(x) = y \tag{5-28}$$

对任意的 $y \in \mathrm{GF}(q)$,方程都有 q^{n-1} 个解和其对应。

(4) 对任意的 $x \in \mathrm{GF}(q^n)$ 有

$$(\mathrm{tr}_q^n(x))^q = \mathrm{tr}_q^n(x) \tag{5-29}$$

(5) 对任意的 $x \in \mathrm{GF}(q^n)$ 和正整数 i,有下式成立

$$\mathrm{tr}_q^n(x^{q^i}) = \mathrm{tr}_q^n(x) \tag{5-30}$$

由以上 5 个基本性质可以看出迹函数确实是一个代数结构非常完美的函数,它之所以突然受到如此重视的原因很多,但是下面的这个定理起到了很大的推动作用。

定理 5.1　设 r_i 是 $\mathrm{GF}(q^m)$ 中的 n 个互异非零元素,$0 \leq i \leq n-1$,$b_j \in \mathrm{GF}(q^m)$,$0 \leq j \leq n-1$,则序列 $a_i = \sum_{j=0}^{n-1} b_j r_j^k, k = 0, 1, 2, \cdots$ 的线性复杂度为向量 $(b_0, b_1, \cdots, b_{n-1})$ 中非零元的个数。

上述定理说明对任意由迹函数组合而得到的序列,只要能够成功地表示成此定理的描述形式,就可以求出其线性复杂度或至少可以估计出线性复杂度界值。

虽然利用序列迹函数的定义生成序列是一个非常烦琐的过程,但是这个过程却是研究序列生成的基础,研究清楚这个过程就有可能从中获得启发从而得到加速序列生成的方法。

因此下面我们就以 m 序列和 GMW 序列为例详细介绍迹函数法求伪随机序列的具体过程。

m 序列又可以称为最长线性移位寄存器伪随机序列，通常工程人员都是利用移位寄存器法来生成它，并且将其用向量和线性递归关系式进行表示。其实 m 序列也可以用迹函数来表示，而且其形式比前者还要简洁明了。

定义 5.2 设 α 为 $GF(q_1)$ 的一个本原元，则 m 序列 S 其第 i 项定义为

$$S_i = \mathrm{tr}_{q_0}^{q_1}(\alpha^i) \tag{5-31}$$

例 2 利用迹函数求 m 序列，以长为 7 的二元 m 序列为例，所需本原多项式为 $f(x) = x^3 + x + 1$。

解： 由题设和定义 5.2 可以得知，m 序列 S 的码元与迹函数有如下的对应关系

$$S_i = \mathrm{tr}_2^{2^3}(\alpha^i) = \sum_{i=0}^{2}(\alpha^i) \tag{5-32}$$

式中，$\alpha \in GF(2^3)$，且 α 为域 $GF(2^3)$ 上的本原元，$\alpha^7 = 1$，，则 m 序列就可以表示为

$$(\mathrm{tr}_2^{2^3}(\alpha^0), \mathrm{tr}_2^{2^3}(\alpha^1), \mathrm{tr}_2^{2^3}(\alpha^2), \mathrm{tr}_2^{2^3}(\alpha^3), \mathrm{tr}_2^{2^3}(\alpha^4), \mathrm{tr}_2^{2^3}(\alpha^5), \mathrm{tr}_2^{2^3}(\alpha^6)) \tag{5-33}$$

又由题设知迹函数基域为 $GF(2)$，扩域为 $GF(2^3)$，$GF(2^3)$ 上的 3 次本原多项式为 $x^3 + x + 1$，则 α 为 $x^3 + x + 1 = 0$ 的根，有 $\alpha^3 + \alpha + 1 = 0$。又 $GF(2^3)$ 中 8 个元素可以表示为 $\{0, 1, \alpha, \alpha^2, \alpha^3, \alpha^4, \alpha^5, \alpha^6\}$，根据本原多项式可将 $GF(2^3)$ 中 α 次数大于等于 3 的元素化简，于是

$$\alpha^3 = \alpha + 1$$
$$\alpha^4 = \alpha \alpha^3 = \alpha(\alpha+1) = \alpha^2 + \alpha$$
$$\alpha^5 = \alpha \alpha^4 = \alpha^3 + \alpha^2 = \alpha^2 + \alpha + 1$$
$$\alpha^6 = \alpha \alpha^5 = \alpha^3 + \alpha^2 + \alpha = \alpha^2 + 1$$

则

$$\mathrm{tr}_2^{2^3}(1) = 1 + 1 + 1 = 1$$
$$\mathrm{tr}_2^{2^3}(\alpha) = \alpha + \alpha^2 + \alpha^4 = \alpha + \alpha^2 + (\alpha^2 + \alpha) = 0$$
$$\mathrm{tr}_2^{2^3}(\alpha^2) = \alpha^2 + \alpha^4 + \alpha^8 = \alpha^2 + (\alpha^2 + \alpha) + \alpha = 0$$
$$\mathrm{tr}_2^{2^3}(\alpha^3) = \alpha^3 + \alpha^6 + \alpha^{12} = (\alpha+1) + (\alpha^2+1) + (\alpha^2 + \alpha + 1) = 1$$
$$\mathrm{tr}_2^{2^3}(\alpha^4) = \alpha^4 + \alpha^8 + \alpha^{16} = \alpha^4 + \alpha + \alpha^2 = (\alpha^2 + \alpha) + \alpha + \alpha^2 = 0$$
$$\mathrm{tr}_2^{2^3}(\alpha^5) = \alpha^5 + \alpha^{10} + \alpha^{20} = \alpha^5 + \alpha^3 + \alpha^6 = (\alpha^2 + \alpha + 1) + (\alpha+1) + (\alpha^2+1) = 1$$
$$\mathrm{tr}_2^{2^3}(\alpha^6) = \alpha^6 + \alpha^{12} + \alpha^{24} = \alpha^6 + \alpha^5 + \alpha^3 = (\alpha^2+1) + (\alpha^2+\alpha+1) + (\alpha+1) = 1$$

因此 m 序列为 (1001011)。

GMW 序列是一种性能优良的伪随机序列，它与 m 序列提出的出发点是完全不同的。m 序列是从工程实现的角度提出的，而 GMW 序列则是从理论研究的角度提出的，它的提出就是利用迹函数完美代数结构的充分表现。

定义 5.3 设 $q_0 = 2$ 且 $q_i = q_{i-1}^{n_i}$，$n_i > 1 (i = 1, 2)$ 且为正整数，α 为 $GF(q_2)$ 的一个本原元。设 k_1 为正整数，$k_1 < q_1$ 且 $\gcd(k_1, q_1 - 1) = 1$。则 GMW 序列 T 其第 j 项定义为

$$T_j = \mathrm{tr}_{q_0}^{q_1}(\{\mathrm{tr}_{q_1}^{q_2}(\alpha^j)\}^{k_1}) \tag{5-34}$$

例 3 利用迹函数求 GMW 序列，以长为 63 的二元 GMW 序列为例，所需本原多项式为 $f(x) = x^6 + x^5 + x^2 + x + 1$ 和 $f(x) = x^3 + x + 1$。

解： 由题设和 GMW 序列的迹函数定义可以得知要求的 GMW 序列迹函数的表达式为

$$T_j = \mathrm{tr}_2^{2^3}(\{\mathrm{tr}_{2^3}^{2^6}(\alpha^j)\}^{k_1}) \tag{5-35}$$

式中，$0 \leqslant j < 63, 1 \leqslant k_1 < 2^3 - 1$，且 $\gcd(k_1, 2^3 - 1) = 1$。

根据迹函数的定义，我们首先需要计算出 $\mathrm{tr}_{2^3}^{2^6}(\alpha^j)$，将域 GF($2^6$) 中的元素映射到域 GF($2^3$) 中去，把结果进行 $(\cdot)^j$ 的非线性映射，然后再进行第二次的迹函数 $\mathrm{tr}_2^{2^3}(\cdot)$ 的计算，这样所得的结果即为所要求的 GMW 序列。

由题设知 GF(2^6) 上的 6 次本原多项式为 $x^6 + x^5 + x^2 + x + 1$，则 α 为 $x^6 + x^5 + x^2 + x + 1 = 0$ 的根，有 $\alpha^6 + \alpha^5 + \alpha^2 + \alpha + 1 = 0$。将域 GF($2^6$) 中 64 个元素的值用向量基 $(1\alpha\alpha^2\alpha^3\alpha^4\alpha^5)$ 表示如表 5-2 所示。

表 5-2　域 GF(2^6) 上元素的表示

元素	$1\alpha\alpha^2\alpha^3\alpha^4\alpha^5$	元素	$1\alpha\alpha^2\alpha^3\alpha^4\alpha^5$	元素	$1\alpha\alpha^2\alpha^3\alpha^4\alpha^5$	元素	$1\alpha\alpha^2\alpha^3\alpha^4\alpha^5$
0	000000	α^{15}	111110	α^{31}	011100	α^{47}	011001
α^0	100000	α^{16}	011111	α^{32}	001110	α^{48}	110101
α^1	010000	α^{17}	110110	α^{33}	000111	α^{49}	100011
α^2	001000	α^{18}	011011	α^{34}	111010	α^{50}	101000
α^3	000100	α^{19}	110100	α^{35}	011101	α^{51}	010100
α^4	000010	α^{20}	011010	α^{36}	110111	α^{52}	001010
α^5	000001	α^{21}	001101	α^{37}	100010	α^{53}	000101
α^6	111001	α^{22}	111111	α^{38}	010001	α^{54}	111011
α^7	100101	α^{23}	100110	α^{39}	110001	α^{55}	100100
α^8	101011	α^{24}	010011	α^{40}	100001	α^{56}	010010
α^9	101100	α^{25}	110000	α^{41}	101001	α^{57}	001001
α^{10}	010110	α^{26}	011000	α^{42}	101101	α^{58}	111101
α^{11}	001011	α^{27}	001100	α^{43}	101111	α^{59}	100111
α^{12}	111100	α^{28}	000110	α^{44}	101110	α^{60}	101010
α^{13}	011110	α^{29}	000011	α^{45}	010111	α^{61}	010101
α^{14}	001111	α^{30}	111000	α^{46}	110010	α^{62}	110011

计算第一次迹函数映射

$$\mathrm{tr}_{2^3}^{2^6}(\alpha^j) = \sum_{n=0}^{1} (\alpha^j)^{2^{3n}} = (\alpha)^j + (\alpha^8)^j \tag{5-36}$$

由于 $\alpha \in$ GF(2^6)，则 α^9 的级为 $63/\gcd(63, 9) = 7$，故为 GF(2^3) 上的本原元。令 $\beta = \alpha^9$，则 GF(2^3) 上的元素为 $\{0, 1, \beta, \beta^2, \beta^3, \beta^4, \beta^5, \beta^6\}$。将 GF($2^3$) 上的元素用向量基 $(1\alpha\alpha^2\alpha^3\alpha^4\alpha^5)$ 表示，其结果如表 5-3 所示。

表 5-3　域 GF(2^6) 上元素在域 GF(2^3) 上元素的表示

元素	$1\alpha\alpha^2\alpha^3\alpha^4\alpha^5$	元素	$1\alpha\alpha^2\alpha^3\alpha^4\alpha^5$
0	000000	β^3	001100
1	100000	β^4	110111
β	101100	β^5	010111
β^2	011011	β^6	111011

此时再将由式(5-36)求出的迹函数结果表示成带有 β 幂的形式,其中全零向量表示为 β^{∞},具体结果如表 5-4 所示。

表 5-4 域 $GF(2^6)$ 上元素映射到域 $GF(2^3)$ 上迹函数结果

j 值	$\mathrm{tr}_{2^3}^{2^6}(\alpha^j)$	β 幂	j 值	$\mathrm{tr}_{2^3}^{2^6}(\alpha^j)$	β 幂	j 值	$\mathrm{tr}_{2^3}^{2^6}(\alpha^j)$	β 幂
0	000000	∞	21	100000	0	42	100000	0
1	111011	6	22	010111	5	43	101100	1
2	010111	5	23	011011	2	44	001100	3
3	010111	5	24	010111	5	45	000000	∞
4	001100	3	25	111011	6	46	110111	4
5	100000	0	26	101100	1	47	001100	3
6	001100	3	27	000000	∞	48	001100	3
7	110111	4	28	011011	2	49	101100	1
8	111011	6	29	101100	1	50	010111	5
9	000000	∞	30	101100	1	51	101100	1
10	100000	0	31	111011	6	52	011011	2
11	111011	6	32	001100	3	53	110111	4
12	111011	6	33	111011	6	54	000000	∞
13	110111	4	34	100000	0	55	010111	5
14	101100	1	35	011011	2	56	110111	4
15	110111	4	36	000000	∞	57	110111	4
16	010111	5	37	001100	3	58	011011	2
17	100000	0	38	011011	2	59	111011	6
18	000000	∞	39	011011	2	60	011011	2
19	101100	1	40	100000	0	61	001100	3
20	100000	0	41	110111	4	62	010111	5

根据以上结果再进行第二次迹函数映射

$$T_j = \mathrm{tr}_2^{2^3}(\beta^m)^{k_1} \tag{5-37}$$

式中,$0 \leqslant m \leqslant 6$。由题设知域 $GF(2^3)$ 上本原多项式为 x^3+x+1,所以我们可以利用实例 2 的迹函数结果,具体形式如表 5-5 所示,最后便可以得到所要求的 GMW 序列。

表 5-5 域 $GF(2^3)$ 上元素的迹函数结果

m 值	$\mathrm{tr}_2^{2^3}(\beta^m)$	m 值	$\mathrm{tr}_2^{2^3}(\beta^m)$
0	1	4	0
1	0	5	1
2	0	6	1
3	1	∞	0

式(5-37)中的 k_1 根据 GMW 序列迹函数定义可以取$\{1,2,3,4,5,6\}$,在这里我们只列出 $k_1＝3$ 时的 GMW 序列

$T_j^{(3)}＝(00000101001001110101110100101110001100111111001001011100111010 0)$

特别指出的是当 $k_1＝1$ 时,从式(5-37)就可以看出 GMW 序列退化成 m 序列,此时

$T_j^{(1)}＝(011111110101110001100111011000001111001001010100110100001000101 1)$

此序列经过验证确实为 m 序列,由此可以得知整个生成过程是正确的。

从以上迹函数生成 GMW 序列的过程来看,仅仅长为 63 的 GMW 序列就需要两次迹函数映射以及两次指数运算,计算非常烦琐,而且不易理解,需要掌握较多的有限域知识,不利于工程人员快速方便地进行序列的软硬件实现。因此我们会在后续章节提出一种快速生成目前常见伪随机序列的方法,来克服上述算法的弊端。

5.4　伪随机序列的线性复杂度

在评价和设计序列时,人们一般使用的复杂度标准是线性复杂度,一方面是线性复杂度比较容易理解,另一方面是大部分常见序列都可以统一地利用梅西算法计算序列的线性复杂度。所以线性复杂度的标准应用比较广泛,一般我们提到的序列复杂度都是指序列的线性复杂度。

5.4.1　序列的线性复杂度

所谓序列的线性复杂度其实质上就是用线性反馈移位寄存器去恢复该序列的难易程度。

定义 5.4　设 $a＝(a_0,a_1,\cdots,a_{N-1})$ 是一个 N 长序列,显然会有许多反馈函数的反馈移位寄存器能够从某个初始状态出发生成该序列,该序列的线性复杂度定义为所有这些能生成该序列的最短线性反馈移位寄存器的级数。

移位寄存器是产生信号和序列的常用设备,它分为线性和非线性两大类。著名的 m 序列和 M 序列就是分别由线性和非线性反馈移位寄存器生成,它们已在众多的工程领域内得到了广泛的应用。一个 $GF(q)$ 上的 n 级反馈移位寄存器可用图 5-1 表示。

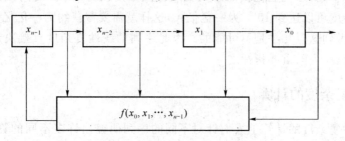

图 5-1　n 级反馈移位寄存器

图 5-1 中 x_i 相应的寄存器状态通常取 $x_i＝0$ 或者 $x_i＝1$;函数 $f(x_0,x_1,\cdots,x_{n-1})$ 称为反馈函数。当 $f(x_0,x_1,\cdots,x_{n-1})$ 为线性和非线性函数时,对应移位寄存器分别为线性和非线性移位寄存器,每经过一次移位脉冲,寄存器中的每一位的内容向右移动一位,最右边一位的内容不断移出作为输出,而 $f(x_0,x_1,\cdots,x_{n-1})$ 反馈到最左边一位作为输入。由此可见

反馈移位寄存器序列完全由它的初始状态$(x_0,x_1,\cdots,x_{n-1})$和反馈函数$f(\cdot)$唯一确定。

为了便于说明,我们仅在有限域 GF(2)中考虑问题,这时移位器共有 2^n 个可能状态。由于 GF(2^n)中一共有 2^n 个元素,在 GF(2^n)的每一个元素$(x_0,x_1,\cdots,x_{n-1})$上取 0 或 1,均能得到一个相应的布尔函数。这样此状态下布尔函数一共有 2^{2^n} 个,显然以不同的布尔函数作为反馈函数的 n 级反馈移位寄存器的状态转移变换亦不同。因此,一共有 2^{2^n} 个功能各不相同的 n 级反馈移位寄存器。

而从 n 级线性反馈移位寄存器的结构:

$$f(x_0,x_1,\cdots,x_{n-1}) = c_{n-1}x_0 + c_{n-2}x_1 + \cdots + c_0x_{n-1}, c_i \in \text{GF}(2)$$

可以看出,线性反馈移位寄存器的总数是 2^n。所以 n 级非线性移位寄存器的总数是 $2^{2^n}-2^n$。可见,非线性移位寄存器的数目远比线性移位寄存器的数目多得多,因此产生非线性移位寄存器序列的途径比较多,破译起来也比线性移位寄存器困难。著名的 GMW 序列就是非线性移位寄存器序列,通常所说它的线性复杂度并不是指生成 GMW 序列最短的非线性反馈移位寄存器的级数,而是指利用线性反馈移位寄存器生成它的最短等效线性长度。

在扩频通信中,如果系统对抗干扰、抗截获性能要求较高,那么扩频序列就必须具有较高的线性复杂度,线性复杂度的大小直接关系到整个系统保密性的好坏。下面我们还是以有限域 GF(2)上的序列来分析一下序列的线性复杂度对扩频系统的保密性能的影响。

n 阶线性移位寄存器结构由特征多项式 $f(x) = \sum_{i=0}^{n} c_i x_i (\bmod 2)$ 决定,如果截获序列 $(a_0,a_1,\cdots)$,那么,$a_j = \sum_{i=0}^{n} c_i a_{j-i}(\bmod 2)$,根据数学推导,只要能够截获序列 a 的连续$2n-1$ 个码元就能给出系数 $c_i(i=1,2,\cdots,n)$的值,再加上 $c_0=1$,n 阶移位寄存器的特征多项式 $f(x)$ 就能给出,并能决定移位寄存器的初始状态,这样序列 a 被彻底破译。例如生成 m 序列的移位寄存器数目 $n=100$,则产生的 m 序列长度为 $N=2^{100}-1=10^{30}$,即约一百万亿亿亿长,可以说相当长了,但是仅用 $2\times100-1=199$ 个码元就可以把长为 10^{30} 的 m 序列破译。m 序列之所以这么容易被破译就是因为它的线性复杂度太小,根据线性复杂度的定义可以看出,长度约一百万亿亿亿长的序列其线性复杂度仅为 100。而同样长度的 GMW 序列最大线性复杂度可以达到 10^{16},为一亿亿长,这样就需要截获约为一亿亿长的码元才可以完成破译,而要做到这点几乎是不可能的。因此序列的线性复杂度直接决定了扩频系统的保密性能,是扩频序列的重要指标之一。

5.4.2　线性复杂度的计算

在序列线性复杂度的计算上人们针对不同的序列研究出许多不同的算法(这在我们下面的章节有具体体现)。其中最为重要的算法就是梅西算法,因为许多序列的线性复杂度算法都或多或少的借鉴了它,它们中的某些算法就是对梅西算法的修正和改进。梅西算法可以说是计算序列线性复杂度的根本。因此这里我们不一一介绍各种算法,而只是对序列线性复杂度的通用算法——梅西算法进行重点详细的介绍。

梅西算法的核心思想是运用数学归纳法求出一系列线性移位寄存器:$\langle f_n(x),l_n \rangle$,在这里 $f_n(x)$ 表示序列的特征多项式,l_n 表示序列的线性复杂度,$n=1,2,\cdots,N$。根据数学归纳法可知,如果每个$\langle f_n(x),l_n\rangle$都是产生序列的前$n$项$a_0,a_1,\cdots,a_{n-1}$的最短线性移位寄存器,那么最后求得的$\langle f_n(x),l_n\rangle$就是产生所给$N$长序列的最短线性移位寄存器。

设序列$a_0,a_1,\cdots,a_{N-1}(a_i\in\text{GF}(q),0\leqslant i\leqslant N-1)$是有限域$\text{GF}(q)$上的一个任意给出的长为$N$的有限序列,则求此序列线性复杂度的梅西算法如下。

(1) 设n_0是个非负整数使得$a_0=a_1=a_2=\cdots=a_{n_0-1}=0,a_{n_0}\neq 0$,且约定$d_0=d_1=d_2=\cdots=d_{n_0-1}=0,d_{n_0}=a_{n_0}$,并同时令$f_1(x)=f_2(x)=\cdots=f_{n_0}(x)=1,l_1=l_2=\cdots=l_{n_0}=0$。这时我们可以取任意一个$n_0+1$的线性移位寄存器作为$\langle f_{n_0+1}(x),l_{n_0+1}\rangle$,但为了确定起见,令$f_{n_0+1}(x)=1+d_{n_0}x^{n_0+1},l_{n_0+1}=n_0+1$。

(2) 设$\langle f_i(x),l_i\rangle,i=1,2,\cdots,n(n_0<n<N)$已求得,而$l_1=l_2=\cdots=l_{n_0}$,且有$l_i<l_{n_0+1}\leqslant l_{n_0+2}\leqslant\cdots\leqslant l_n,i=1,2,\cdots,n_0$,此时令$f_n(x)=1+c_{n_1}x+\cdots+c_{n_{l_n}}x^{l_n}$,那么有$d_n=a_n+c_{n_1}a_{n-1}+\cdots+c_{n_{l_n}}x^{l_n}$。

(3) d_n为第n步差值,在这里要分两种情况进行讨论:

① 当$d_n=0$时,$f_{n+1}(x)=f_n(x),l_{n+1}=l_n$;

② 当$d_n\neq 0$时,取$m(1\leqslant m<n)$使$l_m<l_{m+1}=l_{m+2}=\cdots=l_n$,同时令$f_{n+1}(x)=f_n(x)+x^{n-m}f_m(x),l_{n+1}=\max\{l_n,n+1-l_n\}$,则最后得到的$\langle f_N(x),l_N\rangle$便是产生序列的最短线性移位寄存器。

为了能够熟悉梅西算法,下面给出一个具体实例加以说明。

例4 求序列001101110的最短线性移位寄存器(为了说明梅西算法应用的一般性,该序列是我们任意选取的)和序列的线性复杂度。

解: 根据题设可知$a_0=0,a_1=0,a_2=1,a_3=1,a_4=0,a_5=1,a_6=1,a_7=1,a_8=0$,由梅西算法我们可以通过以下步骤计算生成这个序列的最短线性移位寄存器和序列的线性复杂度:

(1) $d_0=a_0=0$,得到$f_1(x)=1,l_1=0$;

(2) $d_1=a_1=0$,得到$f_2(x)=f_1(x)=1,l_2=l_1=0$;

(3) $d_2=a_2=1$,得到$f_3(x)=1+x^3,l_3=3$;

(4) $d_3=a_3+a_0=1$,因为$l_2=0<l_3=3$,所以
$$f_4(x)=f_3(x)+x^{3-2}f_2(x)=1+x+x^3,l_4=\max\{l_3,3+1-l_3\}=3;$$

(5) $d_4=a_4+a_3+a_1=1$,因为$l_2=0<l_3=l_4=3$,所以$f_5(x)=f_4(x)+x^{4-2}f_2(x)=1+x+x^2+x^3,l_5=\max\{l_4,4+1-l_4\}=3$;

(6) $d_5=a_5+a_4+a_3+a_2=1$, 因为$l_2=0<l_3=l_4=l_5=3$,所以
$$f_6(x)=f_5(x)+x^{5-2}f_2(x)=1+x+x^2,l_6=\max\{l_5,5+1-l_5\}=3;$$

(7) $d_6=a_6+a_5+a_4=0$,得到$f_7(x)=f_6(x)=1+x+x^2,l_7=l_6=3$;

(8) $d_7=a_7+a_6+a_5=1$, 因为$l_2=0<l_3=\cdots=l_7=3$,所以
$$f_8(x)=f_7(x)+x^{7-2}f_2(x)=1+x+x^2+x^5,l_8=\max\{l_7,7+1-l_7\}=5;$$

(9) $d_8=a_8+a_7+a_6+a_3=1$,因为$l_7=3<l_8=5$,所以
$$f_9(x)=f_8(x)+x^{8-7}f_7(x)=1+x^3+x^5,l_9=\max\{l_8,8+1-l_8\}=5。$$

因此,$\langle 1+x^3+x^5,5\rangle$就是产生所给序列的最短线性移位寄存器,此序列的线性复杂度为5。

通过梅西算法详细步骤的介绍和具体实例的演示我们可以得知此算法适合于求任意长

移位寄存器伪随机序列的线性复杂度,它不仅可以计算线性序列的线性复杂度,也可以计算非线性序列的线性复杂度(该算法求出的线性复杂度并不是生成非线性序列最短的移位寄存器长度,而是等效的线性移位寄存器长度),因此梅西算法可以名副其实的称为计算大部分常见伪随机序列线性复杂度的通用算法。

5.5　伪随机编码的基本概念

由前面给出的扩展频谱系统的模型知道,在扩频系统中有一个伪随机码发生器,它是构成扩展频谱通信系统不可缺少的一部分。

什么是伪随机码? 伪随机码(Pseudo Random Code)又称为伪噪声码(Pseudo Noise Code),简称 PN 码。简单地说,伪随机码是一种具有类似白噪声性质的码。白噪声是一种随机过程,它的瞬时值服从正态分布,功率谱在很宽频带内都是均匀的。白噪声具有优良的相关特性,但至今无法实现对其进行放大、调制、检测、同步及控制等。在工程上和实践中,只能用类似于带限白噪声统计特性的伪随机码信号来逼近,并作为扩展频谱系统的扩频码。

伪随机码是一种周期码,可以人为地加以产生和复制,通常由二进制移位寄存器来产生。由于这种码具有类似白噪声的性质,相关函数具有尖锐的特性,功率谱占据很宽的频带,因此易于从其他信号或干扰中分离出来,具有优良的抗干扰特性。

在工程上常用二元域{0,1}内的 0-1 元素序列来产生伪随机码,它具有如下特点:

(1) 在每一个周期内 0 元素和 1 元素出现的次数近似相等,最多只差一次。

(2) 在每一个周期内,长度为 r 比特的元素游程出现的次数比长度为 $r+1$ 比特的元素游程出现的次数多一倍(连续出现的 r 个比特的同种元素叫做长度为 r 的元素游程)。

(3) 序列的自相关函数具有双值特性,且满足:

$$R(\tau) = \begin{cases} 1, & \tau = 0 \\ -\dfrac{k}{N}, & \tau \neq 0 \end{cases} \quad (\text{mod } N) \qquad (5\text{-}38)$$

式中,N 为二元序列的周期,又称码长或长度;k 为小于 N 的整数;τ 为码元延时。

作为扩频码的伪随机信号,应具有下列特点:

(1) 伪随机信号必须具有尖锐的自相关函数,而互相关函数值应接近零值。

(2) 有足够长的码周期,以确保抗侦破和抗干扰的要求。

(3) 码的数量足够多,用来作为独立的地址,以实现码分多址的要求。

(4) 工程上易于产生、加工、复制和控制。

5.6　伪随机编码的分类及构造原理

5.6.1　几个基本定义

本节讨论仅限于等长二进制码,即码字长度(周期)相等,且码元都是二元域{$-1,1$}的元素。设{a_i}和{b_i}是周期为 N 的两个码序列,即 $a_{N+k}=a_k,b_{N+k}=b_k$,码字{a_i}和{b_i}的

互相关函数 $R_{ab}(\tau)$ 定义为

$$R_{ab}(\tau) = \frac{1}{N}\sum_{i=1}^{N} a_i b_{i+\tau} \tag{5-39}$$

若 $R_{ab}(\tau)=0$，则 $\{a_i\}$ 和 $\{b_i\}$ 正交。

长度为 N 的码序列 $\{a_i\}$ 的自相关函数 $R_a(\tau)$ 定义为

$$R_a(\tau) = \frac{1}{N}\sum_{i=1}^{N} a_i a_{i+\tau} \tag{5-40}$$

对于二元域 $\{0,1\}$ 的码序列 $\{a_i\}$，令 $b_i = 1-2a_i$，可将二元域 $\{0,1\}$ 映射为二元域 $\{-1,1\}$，元素 1 变为元素 -1，元素 0 变为元素 1，应用式(3-26)和式(3-27)计算其相关函数。也可用简化公式计算：

$$R_{ab}(\tau) = \frac{A-D}{A+D} = \frac{A-D}{N} \tag{5-41}$$

式中，A 是码字 $\{a_i\}$ 和 $\{b_{i+\tau}\}$ 对应码元相同的数目(同为 1 或同为 0 的数目)，D 是对应码元不相同的数目。类似地，自相关函数 $R_a(\tau)$ 也可表示为

$$R_a(\tau) = \frac{A-D}{A+D} = \frac{A-D}{N} \tag{5-42}$$

式中，A 是码字 $\{a_i\}$ 和其位移码字 $\{a_{i+\tau}\}$ 对应码元相同的数目，D 是对应码元不相同的数目。

下面我们给出伪随机码的定义：

(1) 若码序列 $\{a_i\}$ 的自相关函数具有

$$R_a(\tau) = \frac{1}{N}\sum_{i=1}^{N} a_i a_{i+\tau} = \begin{cases} 1, & \tau = 0 (\mathrm{mod}\ N) \\ -\dfrac{1}{N}, & \tau \neq 0 (\mathrm{mod}\ N) \end{cases} \tag{5-43}$$

的形式，码序列 $\{a_i\}$ 称为伪随机码，又称为狭义伪随机码。

(2) 若码序列 $\{a_i\}$ 的自相关函数具有

$$R_a(\tau) = \frac{1}{N}\sum_{i=1}^{N} a_i a_{i+\tau} = \begin{cases} 1, & \tau = 0 (\mathrm{mod}\ N) \\ \alpha < 1, & \tau \neq 0 (\mathrm{mod}\ N) \end{cases} \tag{5-44}$$

的形式，码序列 $\{a_i\}$ 称为广义伪随机码。

显然，狭义伪随机码是广义伪随机码的特例。

5.6.2　双值自相关序列

如果一个码长为 N 的周期序列 $\{a_i\}$，自相关函数满足：

$$R_a(\tau) = \begin{cases} 1, & \tau = 0 (\mathrm{mod}\ N) \\ \alpha < 1, & \tau \neq 0 (\mathrm{mod}\ N) \end{cases} \tag{5-45}$$

我们把具有双值自相关函数特性的序列 $\{a_i\}$ 叫做双值自相关序列。根据前面伪随机码的定义，双值自相关序列 $\{a_i\}$ 属于广义伪随机码序列。如果式(5-45)中

$$\alpha = -\frac{1}{N} \tag{5-46}$$

则 $\{a_i\}$ 为狭义伪随机码序列。

双值自相关码(即广义伪随机码)序列可由差集产生，因此可以用构造差集的方法来构

造双值自相关码序列。

一个差集通常可用 3 个参数来表征：ν,k 和 λ，其定义为：设有一个模 ν 的整数集

$$V = \{0,1,2,\cdots,\nu-1\} \tag{5-47}$$

存在一个含有 k 个元素的子集 D，

$$D = \{d_1,d_2,\cdots,d_k\} \tag{5-48}$$

且 $d_i-d_j(\mathrm{mod}\nu)$ $(i \neq j)$ 恰好遍取 $1,2,\cdots,\nu-1$ 各 λ 次，我们把这样的整数集 V 的子集 D 称为差集。

例 5 设 $\nu=7,k=3,\lambda=1$，则在整数集 $V=\{0,1,2,3,4,5,6\}$ 中存在一个含有 3 个元素的子集 $D=\{1,2,4\}$，这个子集就具有差集的性质，因为

$$d_1-d_2 = 1-2 = -1 = 6 \ (\mathrm{mod} \ 7)$$
$$d_1-d_3 = 1-4 = -3 = 4 \ (\mathrm{mod} \ 7)$$
$$d_2-d_3 = 2-4 = -2 = 5 \ (\mathrm{mod} \ 7)$$
$$d_2-d_1 = 2-1 = 1 = 1 \ (\mathrm{mod} \ 7)$$
$$d_3-d_1 = 4-1 = 3 = 3 \ (\mathrm{mod} \ 7)$$
$$d_3-d_2 = 4-2 = 2 = 2 \ (\mathrm{mod} \ 7)$$

可见，D 内 $d_i-d_j(\mathrm{mod} \ 7)$ $(i \neq j)$ 恰好遍取 $1,2,3,4,5,6$ 各 1 次，因而 $D=\{1,2,4\}$ 是一个差集。

同样可以验证，$D=\{0,2,3\}$ 也是 V 中的一个差集。这说明在给定 ν,k 和 λ 条件下，其差集不止一个。

通常我们用 ν,k 和 λ 这 3 个参数来表示一个差集，记为 (ν,k,λ)。我们可以通过差集与双值自相关码的关系来构造双值自相关码。

对于给定的差集 (ν,k,λ)，可以写出

$$V = \{0,1,2,\cdots,\nu-1\} \tag{5-49}$$
$$D = \{d_1,d_2,\cdots,d_k\} \tag{5-50}$$

令

$$A = \{a_0,a_1,\cdots,a_{\nu-1}\} \tag{5-51}$$

为一长度等于 ν 的码，且

$$a_i = \begin{cases} +1, & i \in D \\ -1, & i \notin D \end{cases} \tag{5-52}$$

则 $A=\{a_i;i=0,1,\cdots,\nu-1\}$ 就是一个双值自相关的广义伪随机码，可以证明其自相关函数为

$$R_a(\tau) = \begin{cases} 1, & \tau = 0(\mathrm{mod} \ \nu) \\ \dfrac{\nu-4(k-\lambda)}{\nu}, & \tau \neq 0(\mathrm{mod} \ \nu) \end{cases} \tag{5-53}$$

例 6 $\nu=7,k=3,\lambda=1$ 有两个差集 $D_1=\{1,2,4\}$ 和 $D_2=\{0,2,3\}$。它们对应的双值自相关伪随机码序列为

$$V_1 = \{0,1^*,2^*,3,4^*,5,6\}$$
$$A_1 = \{-1,1,1,-1,1,-1,-1\}$$
$$V_2 = \{0^*,1,2^*,3^*,4,5,6\}$$
$$A_2 = \{1,-1,1,1,-1,-1,-1\}$$

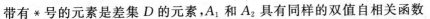

带有 * 号的元素是差集 D 的元素，A_1 和 A_2 具有同样的双值自相关函数

$$R_{A_1}(\tau)=R_{A_2}(\tau)=\begin{cases}1, & \tau=0(\bmod\,7) \\ \dfrac{7-4(3-1)}{7}=-\dfrac{1}{7}, & \tau\neq 0(\bmod\,7)\end{cases}$$

可见它们都是（狭义）伪随机码序列。

例 7　对于 $\nu=23,k=11,\lambda=5$ 有差集 $D=\{1,2,3,4,6,8,9,12,13,16,18\}$，则可得到伪随机码序列

$$\Lambda-\{-1,1,1,1,1,-1,1,-1,1,1,-1,-1,1,1,-1,-1,1,-1,1,-1,-1,-1,-1\}$$

其双值自相关函数为

$$R_A(\tau)=\begin{cases}1, & \tau=0(\bmod\,23) \\ -\dfrac{1}{23}, & \tau\neq 0(\bmod\,23)\end{cases}$$

通过上面的例子可看出，只要给出了差集，就很容易写出对应的伪随机码序列。但是在给定 ν,k,λ 的条件下，要找出差集 D 并非是件容易的事，特别当 ν 较大时，可根据给定的 ν，k,λ 利用乘子定理来构造差集，得到伪随机码序列。如果整数集 V 的值很大时，可用计算机来完成计算工作。

5.6.3　狭义伪噪声序列

由 ν,k,λ 所确定的差集 D 构成的伪随机码序列，可能是广义的伪随机码序列，也可能是狭义的伪随机码序列，要由具体的 ν,k,λ 数值来确定，当

$$\nu+1=4(k-\lambda) \tag{5-54}$$

成立时，所得到的是狭义伪随机码序列；否则是广义伪随机码序列。

下面介绍几种狭义伪随机码序列，它们可以用更为直接的方法得到。

（1）平方剩余码序列

对于某个整数 i 是模 N 的平方剩余，是指存在某个与 N 互为素数的整数 i，使 $i=a^2$（$\bmod\,N$）有解。当 $N=4t-1$ 为一素数（t 为整数）时，模 N 的平方剩余构成一个差集。

例 8　$t=3,N=4t-1=11$，模 11 的平方剩余 $i=a^2(\bmod\,N)$ 为

$$a:0,1,2,3,4,5,6,7,8,9,10,11$$
$$i:0,1,4,9,5,3,3,5,9,4,1,0$$

即 $\{1,3,4,5,9\}$ 是 $\nu=11,k=5,\lambda=2$ 的差集，于是可写出对应的伪随机序列为

$$\{-1,1,-1,1,1,1,-1,-1,-1,1,-1\}$$

它的自相关函数为

$$R(\tau)=\begin{cases}1, & \tau=0(\bmod\,11) \\ -\dfrac{1}{11}, & \tau\neq 0(\bmod\,11)\end{cases}$$

这样得到的伪随机序列称为平方剩余序列或平方余数序列。

若 $N=4t-1$ 为素数，则存在一个周期为 N 的伪随机码序列 $\{a_0,a_1,\cdots,a_{N-1}\}$，其中

$$a_i=\begin{cases}1, & i\text{ 为模 }N\text{ 的平方剩余} \\ -1, & i\text{ 为其他值}\end{cases} \tag{5-55}$$

当 N 为奇数时,上面定义的 $\{a_i\}$ 正是所谓的勒让德(Legender)符号 $\left(\dfrac{i}{n}\right)$,

$$\left(\frac{i}{n}\right)=\begin{cases}1, & i \text{ 为模 } N \text{ 的平方剩余}\\ -1, & i \text{ 为其他值}\end{cases} \tag{5-56}$$

于是有

$$a_i=\left(\frac{i}{n}\right) \tag{5-57}$$

因此,平方剩余序列又称为勒让德序列,简称 L 序列或 L 码。

例 9 $t=5,N=4t-1=19$,其平方剩余为 $\{1,4,5,6,7,9,11,16,17\}$,所以 L 序列为
$\{-1,1,-1,-1,1,1,1,1,-1,1,-1,1,-1,-1,-1,-1,1,1,-1\}$

（2）双素数序列

勒让德符号 $\left(\dfrac{i}{n}\right)$ 和雅可比(Jacobi)符号 $\left[\dfrac{i}{N}\right]$ 有如下关系:

$$\left[\frac{i}{N}\right]=\left(\frac{i}{n_1}\right)\left(\frac{i}{n_2}\right)\cdots\left(\frac{i}{n_s}\right) \tag{5-58}$$

式中,$(i, N)=1,N=n_1 n_2 \cdots n_s$,且 $n_k(k=1,2,\cdots,s)$ 都是奇素数。

特别地,当 $N=n(n+2)$,即 $n_1=n,n_2=n+2$,存在周期为 $N=n(n+2)$ 的序列 $\{a_i\}$,其中

$$a_i=\begin{cases}1, & (i)_{n+2}=0\\ \left[\dfrac{i}{N}\right], & (i,N)=1\\ -1, & \text{其他}\end{cases} \tag{5-59}$$

该序列称为双素数序列,又称为孪生素数序列,它也是伪随机序列。

例 10 $N=15,n=3,n+2=5$,先求 $\left(\dfrac{i}{3}\right)$、$\left(\dfrac{i}{5}\right)$ 和 $\left[\dfrac{i}{15}\right]$,如表 5-6 所示。

表 5-6 N＝15 的勒让德符号值和雅可比符号值

i	0	1	2	3	4	5	6	7	8	9	10	11	12	13	14
$\left(\dfrac{i}{3}\right)$	-1	1	-1	-1	1	-1	1	1	-1	-1	1	-1	-1	1	-1
$\left(\dfrac{i}{5}\right)$	-1	1	-1	-1	1	-1	1	-1	-1	1	-1	1	-1	-1	1
$\left[\dfrac{i}{15}\right]$		1	1		1			-1	1			-1		-1	-1

根据双素数序列的定义,可求得 $N=15$ 的双素数序列的各元素,如表 5-7 所示。

表 5-7 N＝15 双素数序列的各元素值

i	0	1	2	3	4	5	6	7	8	9	10	11	12	13	14
a_i	1	1	1	-1	1	1	-1	-1	1	-1	1	-1	-1	-1	1

由表 5-7 可写出 $N=15$ 的双素数序列

$$\{a_i\} = \{1, 1, 1, -1, 1, 1, -1, -1, 1, -1, 1, -1, -1, -1, 1\}$$

或根据域$\{0,1\}$和$\{+1,-1\}$的映射关系,写出域$\{0,1\}$上的序列

$$\{a_i\} = \{0, 0, 0, 1, 0, 0, 1, 1, 0, 1, 0, 1, 1, 1, 0\}$$

它的自相关函数为

$$R_a(\tau) = \begin{cases} 1, & \tau = 0 (\bmod\ 15) \\ -\dfrac{1}{15}, & \tau \neq 0 (\bmod\ 15) \end{cases}$$

它是伪随机码,又称为 TP 码.

(3) 霍尔序列

霍尔(Hall)序列的周期为 $N = 4t - 1 = 4x^2 + 27$,其中 N 为素数,$x = 1, 2, \cdots$ 霍尔序列是 L 序列的一个子集,其构造方法可参看有关文献,这里不再赘述.

(4) 巴克码

巴克码是一种非周期码,它的自相关特性良好,当 $1 \leqslant \tau \leqslant N-1$ 时,它的局部自相关函数(非归一化)为

$$R(\tau) = \sum_{i=1}^{N-\tau} a_i a_{i+\tau} \tag{5-60}$$

并能满足下式

$$R(\tau) = \begin{cases} N, & \tau = 0 \\ 0, \pm 1, & \tau \text{ 为其他值} \end{cases} \tag{5-61}$$

巴克码的自相关函数在原点($\tau = 0$)处有峰值 N,在其他 τ 值上,自相关函数值在 $0, 1, -1$ 之间起伏.这说明巴克码的自相关函数和白噪声的自相关函数相类似,因此巴克码是一种非周期的伪随机码.

目前已知的巴克码只有很少几种,且长度较短.已经证明,长度为 $N > 13$ 的奇数巴克码不存在.有人猜测,长度为 $N > 4$ 的偶数巴克码不存在,但没有得到理论证实,但长度为 $4 < N \leqslant 11\ 664$ 的偶数长度的巴克码不存在.也有人猜测偶数长度的巴克码的可能长度为 $N = 4t^2$,t 为正整数,但 $2 \leqslant t \leqslant 54$ 的偶数长度的巴克码不存在,至于 $t > 54$ 的情况尚不清楚.目前已知的几种巴克码如表 5-8 所示.

表 5-8　目前已知的几种巴克码及其自相关函数(非归一化)

N	a_i	$R(\tau)$ $(\tau = 1, 2, \cdots, N-1)$
2	1 1	1
2	1 -1	-1
3	1 1 -1	0, -1
4	1 1 -1 1	-1, 0, 1
4	1 1 1 -1	1, 0, -1
5	1 1 1 -1 1	0, 1, 0, 1
7	1 1 1 -1 -1 1 -1	0, -1, 0, -1, 0, -1
11	1 1 1 -1 -1 -1 1 -1 -1 1 -1	0, -1, 0, -1, 0, -1, 0, -1, 0, -1
13	1 1 1 1 1 -1 -1 1 1 -1 1 -1 1	0, 1, 0, 1, 0, 1, 0, 1, 0, 1, 0, 1

5.7 m 序列

二元 m 序列是一种伪随机序列,有优良的自相关函数,是狭义伪随机序列。m 序列易于产生和复制,在扩展频谱技术中得到广泛应用。在 DS 系统中用于扩展基带信号,在 FH 系统中用来控制 FH 的频率合成器,组成跳频图案。

5.7.1 m 序列的定义

r 级非退化的线性移位寄存器的组成示意图如图 5-2 所示,其反馈逻辑可用二元域 GF(2)上的 r 次多项式来表示

$$f(x) = c_0 + c_1 x + c_2 x^2 + \cdots + c_r x^r, \quad c_i \in \{0, 1\} \tag{5-62}$$

式(5-62)称为线性移位寄存器的特征多项式。其中 c_i 表示移位寄存器的反馈连线,$c_i = 1$,表明第 i 级移位寄存器和反馈网络的连线存在;否则,表明连线不存在。$c_0 = 1$ 时,r 级线性移位寄存器为动态的;$c_0 = 0$ 时,r 级线性移位寄存器为静态的。$c_r = 1$ 时,r 级线性移位寄存器为非退化的;$c_r = 0$ 时,r 级线性移位寄存器为退化的,此时线性移位寄存器已退化为 $r - 1$ 级的。

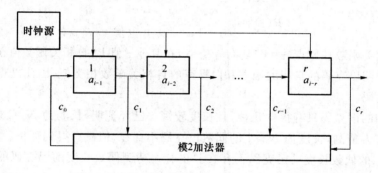

图 5-2 r 级线性移位寄存器

对于动态线性移位寄存器,其反馈逻辑也可以用线性移位寄存器的递归关系式来表示

$$a_i = c_1 a_{i-1} + c_2 a_{i-2} + \cdots + c_r a_{i-r}, \quad c_i \in \{0, 1\} \tag{5-63}$$

特征多项式(5-62)和递归关系式(5-63)是 r 级线性移位寄存器反馈逻辑的两种不同表示法,因其应用的场合不同而采用不同的表示方法。

以式(5-62)为特征多项式的 r 级线性反馈移位寄存器所产生的序列,其周期 $N \leqslant 2^r - 1$。假设以 GF(2)上 r 次多项式(5-62)为特征多项式的 r 级线性移位寄存器所产生的非零序列 $\{a_i\}$ 的周期为 $2^r - 1$,我们称序列 $\{a_i\}$ 是 r 级最大周期(最长)线性移位寄存器序列,简称 m 序列。

若由 r 次特征多项式 $f(x)$ 为 r 级线性移位寄存器所产生的序列是 m 序列,则称 $f(x)$ 为 r 次本原多项式。一个由(5-62)式为特征多项式的 r 级线性移位寄存器产生的序列是否为 m 序列,与特征多项式有密切关系。可以证明,产生 m 序列的特征多项式是不可约多项式,且是本原多项式。但不可约多项式所产生的序列并不一定是 m 序列。

5.7.2 　m 序列的性质

1. m 序列的随机特性

我们知道,一个随机序列具有两方面的特点:一是具有预先不可确定性,并且是不可重复实现的;二是它具有某种随机的统计特性,主要表现在:序列中两种不同元素出现的次数大致相等;序列中长度为 k 的元素游程比长度为 $k+1$ 的元素游程的数量多一倍;序列具有类似于白噪声的自相关函数,即 δ 函数。

m 序列是一种伪随机序列,它满足以下 3 个特性:

(1) 0-1 分布特性。在每一个周期 $N=2^r-1$ 内,元素 0 出现 $2^{r-1}-1$ 次,元素 1 出现 2^{r-1} 次,元素 1 比元素 0 多出现一次。

(2) 游程特性。在每一个周期 $N=2^r-1$ 内,共有 2^{r-1} 个元素游程,其中元素 0 的游程和元素 1 的游程数目各占一半,长度为 $k(1 \leqslant k \leqslant r-2)$ 元素游程占游程总数的 2^{-k};长度为 $r-1$ 的元素游程只有一个,为元素 0 的游程;长度为 r 的元素游程只有一个,为元素 1 的游程。

(3) 位移相加特性。m 序列 $\{a_i\}$ 与其位移序列 $\{a_{i+\tau}\}$ 的模 2 加序列仍是该 m 序列的另一位移序列 $\{a_{i+\tau'}\}$,即

$$\{a_i\} \bigoplus \{a_{i+\tau}\} = \{a_{i+\tau'}\} \tag{5-64}$$

2. m 码序列的自相关函数

根据序列自相关函数的定义以及 m 序列的性质,很容易求出 m 序列的自相关函数:

$$R(\tau) = \begin{cases} 1, & \tau = 0 \ (\mathrm{mod}\ N) \\ -\dfrac{1}{N}, & \tau \neq 0 \ (\mathrm{mod}\ N) \end{cases} \tag{5-65}$$

式(5-65)给出的是 m 序列的自相关函数,并不是 m 码的自相关函数。下面我们来计算码元宽度为 T_c、周期为 N 的 m 码的自相关函数。

根据自相关函数的定义,有

$$R(\tau) = \frac{1}{NT_c} \int_0^{NT_c} c(t)c(t+\tau)\mathrm{d}t \tag{5-66}$$

式中,T_c 是码元宽度。在 τ 值固定,如 $-T_c < \tau < T_c$ 时,自相关函数值是 $\tau=0$ 和 $\tau=T_c$ 时的自相关函数的线性和,如图 5-3 所示。例如,如果时差等于半个码元,则乘积的一半($|\tau|/T_c=1/2$)的相关值为 $\tau=0$ 时的相关值(阴影面积),由式(5-65)知,$\tau=0$ 时的相关值为 1,另一半的相关值为 $|\tau|=T_c$ 时的相关值 $-1/N$。但当 $|\tau| \geqslant T_c$ 和 $|\tau| < NT_c$ 时,有一半的相关值为 $-1/N$,另一半也为 $-1/N$。相加的结果也正好为 $-1/N$。由此得出自相关函数如图 5-3 所示。

自相关函数的曲线也可以由 $\tau=kT_c(k=0,\pm 1,\pm 2,\cdots)$ 几个离散点的已知值直接得出,即将二元序列的自相关函数的离散值用直线连接起来,便可得到与该序列对应的码的自相关函数的曲线。

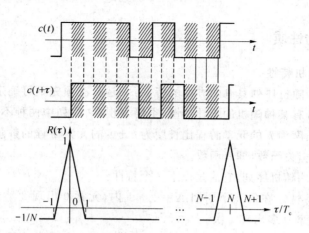

图 5-3　m 序列的自相关函数曲线

由图 5-3 可以看出，m 码的自相关函数 $R(\tau)$ 是一个周期函数，其周期为 N，我们可以写出在 $-T_c \leqslant \tau \leqslant (N-1)T_c$ 区间（一个周期 NT_c）内 m 码的自相关函数表示式

$$R_{NT_c}(\tau) = \begin{cases} 1 - \dfrac{N+1}{N} \dfrac{|\tau|}{T_c}, & |\tau| \leqslant T_c \\ -\dfrac{1}{N}, & |\tau| > T_c \end{cases} \tag{5-67}$$

我们定义三角脉冲函数 $\underset{T_c}{\Lambda}(\tau)$

$$\underset{T_c}{\Lambda}(\tau) = \begin{cases} 1 - \dfrac{|\tau|}{T_c}, & |\tau| \leqslant T_c \\ 0, & |\tau| > T_c \end{cases} \tag{5-68}$$

由定义可知，三角脉冲函数 $\underset{T_c}{\Lambda}(\tau)$ 是一个顶点在 $\tau = 0$ 处、底边为 $2T_c$，高为单位 1 的等腰三角波形函数，这样我们可以写出 m 序列自相关函数的表达式

$$R(\tau) = -\frac{1}{N} + \frac{N+1}{N} \underset{T_c}{\Lambda}(\tau) * \sum_{k=-\infty}^{\infty} \delta(\tau + kNT_c) \tag{5-69}$$

3. m 码的功率谱密度函数

由相关理论知，一时间函数的自相关函数 $R(\tau)$ 和其功率谱密度函数 $G(f)$ 是傅里叶变换对，即

$$R(\tau) \longleftrightarrow G(f) \tag{5-70}$$

因为

$$\underset{T_c}{\Lambda}(\tau) \longleftrightarrow T_c \left(\frac{\sin \pi f T_c}{\pi f T_c} \right)^2 \tag{5-71}$$

所以对 m 码的功率谱密度函数为

$$\begin{aligned} G(f) &= \frac{1}{N^2}\delta(f) + \frac{N+1}{N^2} \sum_{\substack{k=-\infty \\ k \neq 0}}^{\infty} \left[\frac{\sin(k\pi/N)}{k\pi/N} \right]^2 \delta\left(f - \frac{k}{NT_c} \right) \\ &= \frac{1}{N^2}\delta(f) + \frac{N+1}{N^2} \left[\frac{\sin(\pi f T_c)}{\pi f T_c} \right]^2 \sum_{\substack{k=-\infty \\ k \neq 0}}^{\infty} \delta\left(f - \frac{k}{NT_c} \right) \end{aligned} \tag{5-72}$$

其频谱图如图 5-4 所示。从图 5-4 中可以看出 m 码功率谱有如下几个特点。

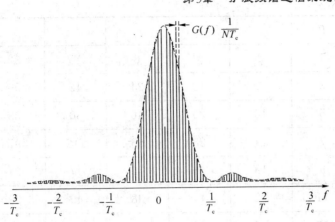

图 5-4　m 码的功率谱密度

（1）m 码功率谱是离散谱，谱线间隔为 $1/(NT_c)$，也即 m 码功率谱由基波和各次谐波组成，基波频率为 $f_0=1/(NT_c)$，N 为 m 序列周期，T_c 为码元持续时间或比特长度。其基波频率为 m 码时钟频率（位同步频率或称为码速率）的 $1/N$ 倍。

（2）m 码功率谱密度函数具有抽样函数 $\left(\dfrac{\sin x}{x}\right)^2$ 的包络，第一个零点在 $k=N$ 处，即 $f=1/T_c$，第二个零点在 $k=2N$ 处，即 $f=2/T_c$，依此类推，若 n 为整数时，$G(n/T_c)=0$。这说明 m 码频谱分量中不包含位同步信号分量的信息。

（3）m 码功率谱的带宽（通常定义为第一个零点处的频率）由码元持续时间 T_c 决定，带宽 $B=1/T_c$（单边），与码的周期 N 无关。

（4）m 码的直流分量与 N^2 成反比。当 m 码的周期 $N\to\infty$ 时，直流分量 $\to 0$，谱线间隔 $1/(NT_c)\to 0$，m 码的功率谱由离散谱向连续谱过渡。

4. m 序列的互相关函数

m 序列的自相关函数具有理想的双值特性，利用式（5-65）可以很容易求出任意长度的 m 序列的自相关函数值。

m 序列的互相关函数是指长度相同而序列结构不同的两个 m 序列之间的相关函数。长度相同结构不同的 m 序列之间的互相关函数不再是双值函数，而是一个多值函数。互相关函数值的个数与分元陪集的个数有关。分元陪集的构造方法是这样的，先将 $1\sim N-1$ 中与 $N=2^r-1$ 互素的所有正整数集合中的 $1,2,2^2,\cdots,2^{r-1}$ 组成第一个陪集。然后任选一个未包含在第一陪集中的数分别乘以第一陪集中的所有项、对所得的乘积经模 N 化简后构成第二个陪集。再选一个不曾包含在第一和第二陪集中的数乘以第一陪集中的所有项，对所得的乘积经模 N 化简后构成第三陪集，依次继续组成其余各陪集，直至把所有与 N 互素的正整数用完为止。除此之外，再把由 $0\sim N-1$ 的整数集合中剩下的与 N 不互素的数（把 0 也包括在内）按上述同样方法组成其他陪集，便可得到另一些陪集。前一种陪集，即包括与 N 互素的数的陪集称为正规陪集。后一种陪集，即包括与 N 不互素的数的陪集，以及只包含一个 0 的陪集，称为非正规陪集。

例 11　当 $r=7$，$N=2^7-1=127$ 时，可构成下列各陪集：

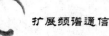

c_0	0						
c_1	1	2	4	8	16	32	64
c_2	3	6	12	24	48	96	65
c_3	5	10	20	40	80	33	66
c_4	7	14	28	56	112	97	67
c_5	9	18	36	72	17	34	68
c_6	11	22	44	88	49	98	69
c_7	13	26	52	104	81	35	70
c_8	15	30	60	120	113	99	71
c_9	19	38	76	25	50	100	73
c_{10}	21	42	84	41	82	37	74
c_{11}	23	46	92	57	114	101	75
c_{12}	27	54	108	89	178	51	102
c_{13}	29	58	116	105	83	39	78
c_{14}	31	62	124	121	115	103	79
c_{15}	43	86	45	90	53	106	85
c_{16}	47	94	61	122	117	107	87
c_{17}	55	110	93	59	118	109	91
c_{18}	63	126	125	123	119	111	95
c_{19}	77						

其中,c_0 为非正规陪集,其余为正规陪集。

理论已经证明,当 τ 取同一陪集中的数值时,对于两个长度相同结构不同的 m 序列之间的互相关函数值,所求得的互相关函数值相同,即

$$R_{ab}(\tau 2^i) = 常数 \quad 0 \leqslant i \leqslant r-1, 0 \leqslant \tau \leqslant N-1 \tag{5-73}$$

由此可得下列结论:两个周期均为 $N = 2^r - 1$ 的结构不同的 m 序列之间的互相关函数只能取有限的 n 个不同值,而 n 不会超过如上构成的陪集数 $Y(N)$,而 $r \leqslant Y(N) \leqslant N$。$Y(N)$ 的函数值如表 5-9 所示。

表 5-9　$Y(N)$ 的函数值表

r	N	$Y(N)$	r	N	$Y(N)$	R	N	$Y(N)$
1	1	1	8	255	35	15	32 767	2 191
2	3	2	9	511	59	16	65 535	4 115
3	7	3	10	1 023	107	17	13 1071	7 711
4	15	5	11	2 047	187	18	262 143	14 601
5	31	7	12	4 095	351	19	524 287	27 595
6	63	13	13	8 191	631	20	1 048 575	52 487
7	127	19	14	16 383	1 181			

　　m 序列的互相关函数除了具有多值特性外,它的互相关函数值也不像 m 序列的自相关函数那样有简明的公式,而是有下式所确定的界

$$|R_{ab}(\tau)|_{\max} \leqslant \frac{2^r - 1 - u_k}{N} \tag{5-74}$$

式中,u_k 是这一组 m 序列的特征多项式的首根的幂数中的最小者。下面给出特征多项式首根的定义。

　　由有限域的理论我们知道,若 a 是 2^r 阶有限域 GF(2) 的一个本原元,那么 GF(2) 的一个 r 次不可约多项式 $f(x)$ 的 r 个不相等的根都可以表示成 a 的幂次,假设这 r 个根为

$$a^{i_1}, a^{i_2}, \cdots, a^{i_r}$$

假设 $0 < i_1 < i_2 < \cdots < i_r$ 成立,定义 a^{i_1} 是 $f(x)$ 的首根。

5. m 序列的构造

　　构造一个产生 m 序列的线性移位寄存器,首先要确定本原多项式。

　　本原多项式的寻找是在所有 r 次多项式中去掉其中的可约多项式,在剩余的 r 次不可约多项式中,根据本原多项式的定义用试探的方法,查看其产生的序列是否为 m 序列,若产生的序列为 m 序列,则该多项式为本原多项式,否则就不是本原多项式。这一方法可用计算机编程来实现。

　　本原多项式可查阅相关工具书获得。

　　例 12　$r=5$,$N=2^r-1=31$,3 个本原多项式分别为 45、75 和 67。

　　解：其中八进制数 45 用二进制数表示为 100101,对应的本原多项式为 $f_1(x) = x^5 + x^2 + 1$,其逻辑图如图 5-5(a) 所示。

　　r 次多项式 $f(x)$ 的互反多项式 $g(x)$ 定义为

$$g(x) = x^r f\left(\frac{1}{x}\right) \tag{5-75}$$

　　理论上已经证明,不可约多项式的互反多项式为不可约多项式,本原多项式的互反多项式也为本原多项式。

　　根据互反多项式的定义,$f_1(x)$ 的互反多项式为

$$f_2(x) = x^5 f_1\left(\frac{1}{x}\right) = 1 + x^3 + x^5$$

其结构逻辑图如图 5-5(b)所示。

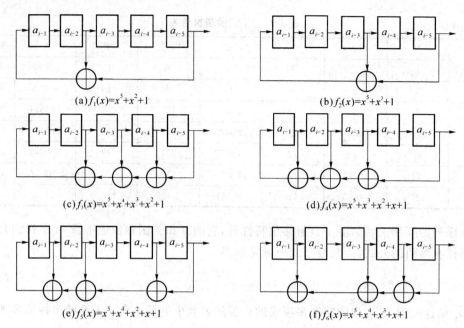

(a)$f_1(x)=x^5+x^2+1$

(b)$f_2(x)=x^5+x^3+1$

(c)$f_3(x)=x^5+x^4+x^3+x^2+1$

(d)$f_4(x)=x^5+x^3+x^2+x+1$

(e)$f_5(x)=x^5+x^4+x^2+x+1$

(f)$f_6(x)=x^5+x^4+x^3+x+1$

图 5-5　周期为 $N=31$ 的 m 序列结构逻辑图

八进制数 75 用二进制数表示为 111101，对应的本原多项式 $f_3(x)=x^5+x^4+x^3+x^2+1$，其逻辑图如图 5-5(c)所示。根据互反多项式的定义，$f_3(x)$ 的互反多项式为

$$f_4(x)=x^5 f_3\left(\frac{1}{x}\right)=1+x+x^2+x^3+x^5$$

其结构逻辑图如图 5-5(d)所示。

八进制数 67 用二进制数表示为 110111，对应的本原多项式为 $f_5(x)=x^5+x^4+x^2+x+1$，其逻辑图如图 5-5(e)所示。根据互反多项式的定义，$f_5(x)$ 的互反多项式为

$$f_6(x)=x^5 f_5\left(\frac{1}{x}\right)=1+x+x^3+x^4+x^5$$

其结构逻辑图如图 5-5(f)所示。

对于给定的本原多项式，根据画出的 m 序列的逻辑图，在给出任意的非全 0 初始状态条件下，依据移位寄存器的工作原理，我们可以求出具体的 m 序列 $\{a_i\}$ 来。在某些情况下，我们并不关心产生 m 序列移位寄存器的具体结构，而只关心 m 序列 $\{a_i\}$，即移位寄存器的输出序列。这可以通过求输出序列多项式 $G(x)$ 的方法得到，输出序列多项式 $G(x)$ 的系数就是我们所求的输出序列。多项式 $G(x)$ 称为序列 $\{a_i\}$ 的生成多项式或序列多项式。事实上，在给定特征多项式和移位寄存器初始状态的情况下，移位寄存器的输出序列被唯一确定了。

为简单起见，我们假设线性移位寄存器的初始状态为 $00\cdots01$，即除最后一级外，线性移位寄存器的各级存数都为 0。这样的假设对于产生 m 序列的线性移位寄存器是合理的，因为对于产生 m 序列的线性移位寄存器来说，除 $00\cdots0$ 这一个全 0 状态外，其余所有的 2^r-1 个非 0 状态在其一个周期 $N=2^r-1$ 内各出现一次。这样，移位寄存器的序列多项式 $G(x)$ 和特征多项式 $f(x)$ 的关系为

$$G(x)=\frac{1}{f(x)} \tag{5-76}$$

例 13 求 $r=5$ 的特征多项式 $f(x)=1+x+x^3+x^4+x^5$ 产生的输出序列。

解:由例 12 知,$f(x)=1+x+x^3+x^4+x^5$ 是本原多项式,产生的输出序列是 m 序列。事实上,序列多项式 $G(x)$可以采用长除法来获得(长除过程如图 5-6 所示)

$$\begin{aligned}G(x)&=\frac{1}{1+x+x^3+x^4+x^5}\\&=1+x+x^2+x^5+x^6+x^8+x^9+x^{10}+x^{11}+\cdots\end{aligned}$$

由输出序列多项式 $G(x)$的系数可写出输出序列

$$\{a_i\}=1110011011111\cdots$$

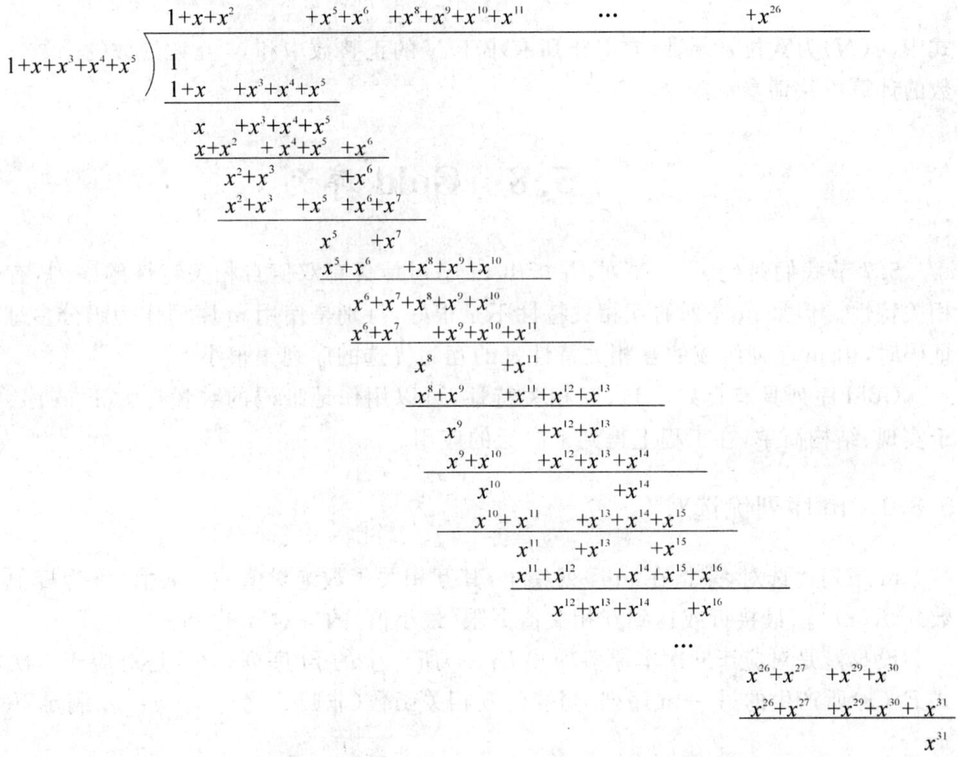

图 5-6 $G(x)=1/(1+x+x^3+x^4+x^5)$的长除过程

在进行长除的过程中,当余式为一单项式 x^N 时即可,这是因为

$$\frac{1+x^N}{f(x)}=a_0+a_1x+a_2x^2+\cdots+a_{N-1}x^{N-1} \tag{5-77}$$

满足式(5-77)的最小正整数 N 即为输出序列的周期,这时序列多项式 $G(x)$为

$$G(x) = \frac{1}{f(x)}$$
$$= a_0 + a_1 x + a_2 x^2 + \cdots + a_{N-1} x^{N-1} +$$
$$x^N \cdot (a_0 + a_1 x + a_2 x^2 + \cdots + a_{N-1} x^{N-1}) +$$
$$x^{2N} \cdot (a_0 + a_1 x + a_2 x^2 + \cdots + a_{N-1} x^{N-1}) + \cdots \tag{5-78}$$

对应的输出序列为

$$\{a_i\} = a_0 a_1 a_2 \cdots a_{N-1} a_0 a_1 a_2 \cdots a_{N-1} a_0 a_1 a_2 \cdots a_{N-1} \cdots \tag{5-79}$$

6. m 序列的个数

对于 r 级线性移位寄存器,可以证明能产生周期为 $N = 2^r - 1$ 的 m 序列的总数是

$$m_r = \frac{\varphi(2^r - 1)}{r} = \frac{\varphi(N)}{r} \tag{5-80}$$

式中,$\varphi(N)$ 为欧拉 φ 函数,它等于所有小于 N 的正整数中和 N 互素的数的个数。欧拉 φ 函数的计算方法请参见附录。

5.8　Gold 序列

5.7 节我们讨论了 m 序列,并指出 m 序列是具有双值自相关特性的序列,有优良的自相关特性。但是 m 序列的互相关特性不是很好,特别是使用 m 序列作为码分多址通信的地址码时,由 m 序列组成的互相关特性好的互为优选的序列集很小。

Gold 序列具有良好的自、互相关特性,可以用作地址码的数量远大于 m 序列,而且易于实现、结构简单,在工程上得到了广泛的应用。

5.8.1　m 序列优选对

m 序列优选对,是指在 m 序列集中,其互相关函数绝对值的最大值(称为峰值互相关函数)$|R(\tau)|_{\max}$ 最接近或达到互相关值下限(最小值)的一对 m 序列。

设 $\{a_i\}$ 是对应于 r 次本原多项式 $F_1(x)$ 所产生的 m 序列,$\{b_i\}$ 是对应于 r 次本原多项式 $F_2(x)$ 所产生的另一 m 序列,当峰值互相关函数(非归一化)$|R_{ab}(\tau)|_{\max}$ 满足下列关系:

$$|R_{ab}(\tau)|_{\max} \leqslant \begin{cases} 2^{\frac{r+1}{2}} + 1, & r \text{ 为奇数} \\ 2^{\frac{r+2}{2}} + 1, & r \text{ 为偶数但不是 4 的整倍数} \end{cases} \tag{5-81}$$

则 $F_1(x)$ 和 $F_2(x)$ 所产生的 m 序列 $\{a_i\}$ 和 $\{b_i\}$ 构成 m 序列优选对。

例如,$r = 6$ 的本原多项式 $F_1(x) = x^6 + x + 1$ 和 $F_2(x) = x^6 + x^5 + x^2 + x + 1$ 所产生的 m 序列 $\{a_i\}$ 和 $\{b_i\}$,其峰值互相关函数 $|R_{ab}(\tau)|_{\max} = 17$,满足式(5-81),故 $\{a_i\}$ 和 $\{b_i\}$ 构成 m 序列优选对。而本原多项式 $F_3(x) = x^6 + x^5 + x^3 + x^2 + 1$ 所产生的 m 序列 $\{c_i\}$ 和本原多项式 $F_1(x) = x^6 + x + 1$ 所产生的 m 序列 $\{a_i\}$ 的峰值互相关函数 $|R_{ac}(\tau)|_{\max} = 23 > 17$,不满足式(5-81),故 $\{a_i\}$ 和 $\{c_i\}$ 不是 m 序列优选对。

5.8.2　Gold 序列族

1967 年 Gold 指出:"给定移位寄存器级数 r 时,总可以找到一对互相关函数值是最小

的码序列,采用移位相加的方法构成新码组,其互相关旁瓣都很小,而且自相关函数和互相关函数均是有界的"。Gold 序列是 m 序列的复合码序列,它是由两个码长相等、码时钟速率相同的 m 序列优选对的模 2 加序列构成。每改变两个 m 序列相对位移就可得到一个新的 Gold 序列。当相对位移 2^r-1 个比特时,就可得到一族 2^r-1 个 Gold 序列,加上原来的两个 m 序列,共有 2^r+1 个 Gold 序列,即

$$G_r = 2^r + 1 \tag{5-82}$$

产生 Gold 序列的结构有两种形式。一种是乘积型,是将 m 序列优选对的两个特征多项式的乘积多项式作为新的特征多项式,根据此 $2r$ 次特征多项式构成新的线性移位奇存器,如图 5-7 所示。另一种是模 2 加型,是直接求两 m 序列优选对输出序列的模 2 加序列,如图 5-8 所示。

图 5-7 中的特征多项式为 $F(x)=x^6+x+1,G(x)=x^6+x^5+x^2+x+1$,其乘积多项式 $F(x)G(x)=x^{12}+x^{11}+x^8+x^6+x^5+x^3+x+1$。

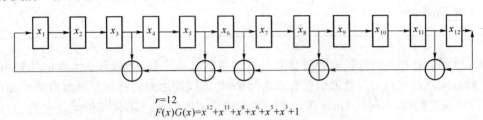

$r=12$
$F(x)G(x)=x^{12}+x^{11}+x^8+x^6+x^5+x^3+1$

图 5-7　码长为 $N=63$ 的乘积型 Gold 码发生器

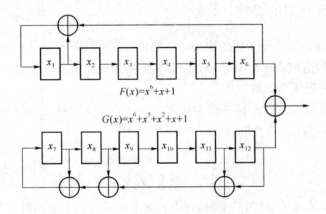

图 5-8　码长为 $N=63$ 的模 2 加型 Gold 码发生器

理论上可以证明,这两种结构是完全等效的。它们产生的 Gold 码序列的周期都是 $N=2^r-1$。虽然对于乘积型 Gold 码序列发生器的特征多项式 $F(x)G(x)=x^{12}+x^{11}+x^8+x^6+x^5+x^3+1$ 的最高次幂数是 12,但是由于 $F(x)G(x)$ 不是不可约多项式(当然更不是本原多项式了),所以不能产生码长 $N=2^{2r}-1$ 的序列。可以证明,复码的周期是组成复码的子码周期的最小公倍数,由于组成复码 Gold 序列的子码的周期都是 2^r-1,所以 Gold 序列的周期是 2^r-1。

由 m 序列优选对模 2 加产生的 Gold 族中 2^r-1 个序列已不再是 m 序列,所以也不再具有 m 序列的特性。Gold 码族中任意两序列之间的互相关函数都满足式(5-81)。由于 Gold 码的这一特性,使得码族中任一码序列都可作为地址码。这样,采用 Gold 码族作地址

码,其地址数大大超过了用 m 序列作地址码的数量。所以 Gold 序列在多址技术中得到了广泛的应用。

Gold 码具有三值互相关函数的特性。当 r 为奇数时,码族中约有 50% 的码序列有很低的互相关函数值(-1);当 r 为偶数时(r 不是 4 的整倍数),码族中约有 75% 的码序列有很低的互相关函数值(-1)。其三值互相关函数特性如表 5-10 所示。

表 5-10　Gold 码的三值互相关函数特性

码长 $N=2^r-1$	互相关函数值	出现概率
r 为奇数	-1	≈ 0.5
	$-(2^{\frac{r+1}{2}}+1)$	≈ 0.5
	$2^{\frac{r+1}{2}}-1$	
r 为偶数,但不是 4 的整倍数	-1	≈ 0.75
	$-(2^{\frac{r+2}{2}}+1)$	≈ 0.25
	$2^{\frac{r+2}{2}}-1$	

Gold 码的自相关函数值的旁瓣也和互相关函数值一样取三值,只是出现的位置不同。Gold 码族同族内互相关函数取值已有理论结果,但不同族之间的互相关函数取值尚无理论结果。目前已发现,不同的 Gold 码族之间的互相关函数取值已不是三值而是多值,并且互相关值已大大超过优选对的互相关值。

5.8.3　m 序列优选对的寻找

前面我们在介绍 Gold 码序列的构造时曾指出,Gold 码序列可由 m 序列的优选对来构成,也就是说要想构造出或求出 Gold 码序列,我们必须要知道 m 序列的优选对。下面我们介绍一种寻找 m 序列优选对的方法。

若 a 是 2^r 阶有限域 GF(2) 的一个本原元,$f_1(x)$ 和 $f_t(x)$ 是 2^r 阶有限域 GF(2) 上的 r 次本原多项式,a 是 $f_1(x)$ 的首根,取

$$t=\begin{cases} 2^{\frac{r+1}{2}}+1, & r \text{ 为奇数} \\ 2^{\frac{r+2}{2}}+1, & r \text{ 为偶数,但不是 4 的倍数} \end{cases} \tag{5-83}$$

使 a^t 为 r 次本原多项式 $f_t(t)$ 的一个根,则以 r 次本原多项式 $f_1(x)$ 和 $f_t(x)$ 为特征多项式所产生的 m 序列就构成 m 序列优选对。

例 14　对于 $r=7$,$N=2^r-1=127$,设 a 是 2^7 阶有限域 GF(2) 的一个本原元,以 a 作为首根的本原多项式为

$$f_1(x)=x^7+x^3+1$$

根据式(5-83)可求出

$$t=2^{\frac{r+1}{2}}+1=2^{\frac{7+1}{2}}+1=17$$

以 a^{17} 为根的本原多项式 $f_t(x)$ 所产生的 m 序列和 $f_1(x)$ 所产生的 m 序列构成 m 序列优选对。

a^{17} 是本原多项式 $f_t(x)$ 的一个根,但可能不是 $f_t(x)$ 的首根,根据有限域的理论,若 a^t 是 r 次不可约多项式 $f_t(x)$ 的一个根,那么 $a^{2^1 t}, a^{2^2 t}, \cdots, a^{2^{r-1} t}$ 是 $f_t(x)$ 其余的 $r-1$ 个根。在

计算多项式 $f_t(x)$ 的根时，需要注意 $a^{2^r-1}=1$。这是因为 a 是 2^r 阶有限域的本原元，a 一定是 2^r-1 阶元素。

据此，我们可以求出以 a^{17} 为根的本原多项式 $f_t(x)$ 的所有根：

$$a^{17\times1}=a^{17};\qquad a^{17\times2}=a^{34};\qquad a^{17\times2^2}=a^{68};$$

$$a^{17\times2^3}=a^{136}=a^9;\qquad a^{17\times2^4}=a^{272}=a^{18};\qquad a^{17\times2^5}=a^{544}=a^{36};$$

$$a^{17\times2^6}=a^{1088}=a^{72};\qquad a^{17\times2^7}=a^{2176}=a^{17}$$

按幂次的大小排列为 $a^9,a^{17},a^{18},a^{34},a^{36},a^{68},a^{72}$，其中 a^9 为 $f_t(x)$ 的首根。可以求出本原多项式为

$$f_t(t)=x^7+x^5+x^4+x^3+x^2+x+1$$

5.8.4　平衡 Gold 序列

Gold 码就其平衡性来讲，可以分为平衡码和非平衡码。平衡码序列中一周期内 1 码元和 0 码元的个数之差为 1，非平衡码中 1 码元和 0 码元的个数之差多于 1。平衡 Gold 码和非平衡 Gold 码的数量关系如表 5-11、表 5-12 所示。

表 5-11　r 为奇数时的平衡 Gold 码和非平衡 Gold 码数量表

序列分组	码序列中 1 的数量	码族中具有这种 1 数量的序列数量	平衡性
1	2^{r-1}	$2^{r-1}+1$	平衡
2	$2^{r-1}+2^{\frac{r-1}{2}}$	$2^{r-2}-2^{\frac{r-3}{2}}$	非平衡
3	$2^{r-1}-2^{\frac{r-1}{2}}$	$2^{r-2}+2^{\frac{r-3}{2}}$	

表 5-12　r 为偶数时的平衡 Gold 码和非平衡 Gold 码数量表

序列分组	码序列中 1 的数量	码族中具有这种 1 数量的序列数量	平衡性
1	2^{r-1}	$2^{r-1}+2^{r-2}+1$	平衡
2	$2^{r-1}+2^{\frac{r}{2}}$	$2^{r-3}-2^{\frac{r-4}{2}}$	非平衡
3	$2^{r-1}-2^{\frac{r}{2}}$	$2^{r-3}+2^{\frac{r-4}{2}}$	

例如，$r=9$ 的 Gold 序列族，平衡码序列的数量为 257 个（包括 2 个 m 序列），非平衡码序列的数量为 256 个。

在扩频通信中，对系统质量影响之一就是码的平衡性（即序列中 0 和 1 的均匀性），平衡码具有更好的频谱特性。在 DS 系统中码的平衡性和载波的抑制度有密切的关系。码不平衡的 DS 系统载漏增大，这样就破坏了扩频通信系统的保密性、抗干扰和抗侦破能力。

表 5-13 给出了 9～18 级 Gold 码序列对载波抑制度的影响，从表中可以看出非平衡码使载波抑制性能下降了一半（分贝数），增加码长对载波抑制性能改善不是十分明显。因此在 DS 系统中选用 Gold 码作扩频码时，应选用平衡 Gold 码。

表 5-13　码的平衡性对载波抑制的影响

级数 r	码长 2^r-1	相关函数值	载波抑制/dB	
9	511	1	54.17	平衡码
		33	23.80	非平衡码
10	1 023	1	60.20	平衡码
		65	23.94	非平衡码
11	2 047	1	66.22	平衡码
		65	29.97	非平衡码
13	8 191	1	78.27	平衡码
		129	36.05	非平衡码
14	16 383	1	84.28	平衡码
		257	36.09	非平衡码
15	32 767	1	90.31	平衡码
		257	42.11	非平衡码
17	131 071	1	102.35	平衡码
		513	48.15	非平衡码
18	262 143	1	108.37	平衡码
		1 025	48.16	非平衡码

5.8.5　平衡 Gold 码的产生方法

为了寻找平衡码，R. Gold 给出了特征相位的定义：每一个最大长度序列都具有特征相位，当序列处于特征相位时，序列每隔一位抽样与原序列一样，这就是序列处于特征相位的特性。

设序列 $\{a_i\}$ 的特征多项式 $f_a(x)$ 是一个 r 级线性移位寄存器产生 m 序列的本原多项式，其特征相位由 $\dfrac{g_a(x)}{f_a(x)}$ 之比来确定。$g_a(x)$ 是生成函数，是一个次数等于或小于 r 的多项式，多项 $g_a(x)$ 算法如下：

$$g_a(x)=\begin{cases} \dfrac{\mathrm{d}[xf_a(x)]}{\mathrm{d}x}, & r \text{ 为奇数} \\[3mm] f_a(x)+\dfrac{\mathrm{d}[xf_a(x)]}{\mathrm{d}x}, & r \text{ 为偶数但不是 4 的倍数} \end{cases} \tag{5-84}$$

特征相位多项式

$$G(x)=\frac{g_a(x)}{f_a(x)} \tag{5-85}$$

长除得到特征相位。

求 $g_a(x)$ 的公式由 R. Gold 给出。例如，我们求本原多项式 $f_a(x)=x^3+x+1$ 的特征相位。根据式(5-84)得

$$g_a(x)=\frac{\mathrm{d}[x(x^3+x+1)]}{\mathrm{d}x}=1 \,(\mathrm{mod}\ 2)$$

又根据式(5-85)可得特征相位为

$$G(x) = \frac{g_a(x)}{f_a(x)} = \frac{1}{f_a(x)} = \frac{1}{1+x+x^3}$$

长除后得

$$G(x) = 1 + x + x^2 + x^4 + x^7 + x^8 + x^9 + \cdots$$

因而得特征相位为 111。而序列状态为

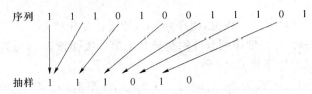

由上看出抽样后的序列仍是原序列,因此 $f_a(x)$ 序列处于特征相位,特征相位为 111。

由上述方法求得序列特征相位后,我们需要进一步研究处于特征相位上 m 序列优选对间的相位关系,以便寻找平衡码。

若序列 $\{a_i\}$、$\{b_i\}$ 是处于特征相位上的最长的 m 序列优选对。当 r 为奇数时,很明显其特征相位多项式只有如下形式:

$$G(x) = \frac{1+c(x)}{1+d(x)} \tag{5-86}$$

$d(x)$ 的阶次为 $\partial^0 d(x) = r$,而 $c(x)$ 的阶次 $\partial^0 c(x) < r-1$,长除结果具有 $1 + d_1 x + d_2 x^2 + \cdots$ 这种形式。特征相位的序列第一个符号是 1。

因此,处于特征相位上的 $\{a_i\}$ 和 $\{b_i\}$ 序列的移位寄存器,当移动 $\{b_i\}$ 序列的第一个 0 对应于 $\{a_i\}$ 序列的第一个 1 时,两序列模 2 加得到平衡码。

例 15 我们来研究一个例子,设 $r=5$ 的优选对:

5 67H $f_a(x) = 1 + x + x^2 + x^4 + x^5$

1 45E $f_b(x) = 1 + x^2 + x^5$

相应地生成函数

$$g_a(x) = \frac{d[x(1+x+x^2+x^4+x^5)]}{dx} = 1 + x^2 + x^4$$

$$g_b(x) = \frac{d[x(1+x^2+x^5)]}{dx} = 1 + x^2$$

特征相位由 $G(x) = \frac{g(x)}{f(x)}$ 长除得到

$G_a(x) = 1 + x + x^2 + x^4 + x^5 + x^8 + x^9 + x^{10} + x^{15} + x^{16} + x^{18} + x^{20} + x^{23} + x^{27} + \cdots$

$G_b(x) = 1 + x^5 + x^7 + x^9 + x^{10} + x^{11} + x^{13} + x^{14} + x^{18} + x^{19} + x^{20} + x^{21} + x^{22} + x^{25} + \cdots$

状态为

$$\{a_i\} = 11101100111000011010100010001\cdots$$

$$\{b_i\} = 10000101011101100011111100110\cdots$$

当以 $\{a_i\}$ 为基准,其特征相位为 11101。移动 $\{b_i\}$ 序列,使第一个 0 对准 $\{a_i\}$ 序列的第一个 1,则 $\{b_i\}$ 序列的初始状态为 00001,这时符合相对相位要求,能产生平衡 Gold 码 $\{b_i\}$ 的状态为

00001   00010   00101   01010   01011   01110   01100   00011

00111   01111   00110   01101   01001   00100   01000

现将能产生平衡码的初始条件归结如下：

(1) 选一参考序列，设为 $\{a_i\}$，序列 $\{a_i\}$ 必须按式(5-84)，即

$$g_a(x) = \begin{cases} \dfrac{d[xf_a(x)]}{dx}, & r \text{ 为奇数} \\ f_a(x) + \dfrac{d[xf_a(x)]}{dx}, & r \text{ 为偶数但不是 4 的倍数} \end{cases}$$

求出生成函数。

(2) 根据公式(5-85)求特征相位，使序列 $\{a_i\}$ 处于特征相位上。

(3) 设置位移序列 $\{b_i\}$，使序列 $\{b_i\}$ 的初始状态第 r 级必须为 0，以对准序列 $\{a_i\}$ 的 1。

按照上述就可以产生平衡 Gold 码。

例 16 构造 $r=11$，码长为 $2^{11}-1=2\,047$ 的 Gold 平衡码。我们选优选对 4005、7335 来产生平衡码。其本原多项式为

$$4005 \quad f_a(x) = x^{11} + x^2 + 1$$
$$7335 \quad f_b(x) = x^{11} + x^{10} + x^9 + x^7 + x^6 + x^4 + x^3 + x^2 + 1$$

以序列 $\{a_i\}$ 为参考序列，其生成函数和特征相位多项式为

$$g_a(x) = \frac{d[xf_a(x)]}{dx} = 1 + x^2$$

$$G(x) = \frac{1+x^2}{1+x^2+x^{11}} = 1 + x^{11} + \cdots$$

其特征相位为(10000000000)，如图 5-9 所示。寄存器中符号 $\times$ 表示状态任意，可以是 0，也可以是 1，但不能全部为 0。

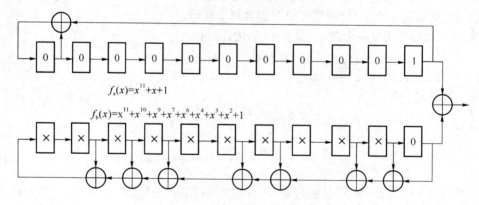

图 5-9　Gold 平衡码发生器电路

5.9　M 序列

　　M 序列是最长非线性移位寄存器序列，它是由非线性移位寄存器产生的码长为 2^r 的周期序列。M 序列已达到 r 级移位寄存器所能达到的最长周期，所以又称为全长序列。

　　M 序列的构造可以在 m 序列的基础上实现。因为 m 序列已经包含了 2^r-1 个非 0 状态，只是缺少一个由 r 个 0 组成的全 0 状态。因此，由 m 序列构成 M 序列时，只要在适当位置插入一个 0 状态，即可使由码长为 2^r-1 的 m 序列增长为码长为 2^r 的 M 序列。显然 0 状态应插入在状态 $10\cdots00$ 之后，还必须使 0 状态的后续为 $00\cdots01$ 状态，即状态的转移应为

$$10\cdots00 \rightarrow 00\cdots00 \rightarrow 00\cdots01$$

产生 M 序列的状态为 $\bar{x}_1\bar{x}_2\bar{x}_3\cdots\bar{x}_{r-1}$（即 $00\cdots0$），加入反馈逻辑项后，特征多项式为

$$F(x_1,x_2,\cdots,x_r)=\bar{x}_1\bar{x}_2\bar{x}_3\cdots\bar{x}_{r-1}+F_0(x_1,x_2,\cdots,x_r) \tag{5-87}$$

式中，$F_0(x_1,x_2,\cdots,x_r)$ 为原 m 序列的特征多项式。

例 17 对于本原多项式 $F(x)=x^4+x+1$ 产生的 2^r-1 长度的 m 序列加长为 2^r 的 M 序列，其反馈逻辑函数为

$$F(x_1,x_2,\cdots,x_r)=\bar{x}_1\bar{x}_2\bar{x}_3+x^4+x+1$$
$$=\bar{x}_1\bar{x}_2\bar{x}_3+r_4+r_1+1$$

其 M 序列发生器电路结构逻辑图如图 5-10 所示。

设初始状态为 0100，其状态转移流程为：

0100（初始状态）→1001→0011→0110→1101→1010→0101→1011→

→0111→1111→1110→1100→1000→0000→0001→0010→0100（初始状态）

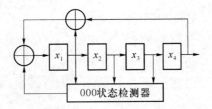

图 5-10 一种 4 级 M 序列发生器结构逻辑图

由上述循环移位过程，我们看到 $\bar{x}_1\bar{x}_2\bar{x}_3$ 为 000 的三状态检测器，同时起到检测 1000 和 0000 两个状态的作用。当它检测到 1000 状态时，检测器输出为 1 状态。此状态和反馈输出（为 1 状态）模 2 加，输入到第一级，使第一级的状态为 0，移位寄存器的后续状态为 0000 状态。在下一时刻，000 状态检测器继续输出 1 状态，和反馈输出（为 0 状态）模 2 加，输入到第一级，使第一级的状态为 1，移位寄存器的后续状态为 0001 状态，结果把 0000 状态插入了原 m 序列中。上面是由 m 序列加长构成 M 序列。下面说它的随机特性：

(1) 在每一个周期 $N=2^r$ 内，序列中元素 0 和元素 1 各出现 2^{r-1}，即元素 0 和元素 1 各占 1/2。

(2) 在每一个周期 $N=2^r$ 内，共有 2^{r-1} 个元素游程，其中同样长度的 0 元素游程和 1 元素游程的个数相等。当 $1\leqslant k \leqslant r-2$ 时，游程长度为 k 的游程数占总游程数的 2^{-k}，即长度为 k 的游程数 2^{r-k-1}，长度为 $r-1$ 的元素游程不存在，长度为 r 的元素游程有 2 个，分别为 1 元素游程和 0 元素游程。

(3) M 序列不再具有移位相加特性，其自相关函数也不再具有双值特性，而是一个多值函数。

M 序列的自相关函数不如 m 序列的自相关函数好，但是 M 序列的数量远大于 m 序列的数量。前面已经给出周期为 $N=2^r-1$ 的 m 序列的总数为

$$m_r=\frac{\varphi(2^r-1)}{r}=\frac{\varphi(N)}{r}$$

而周期为 $N=2^r$ 的 M 序列的总数为

$$M_r=2^{2^{r-1}-r} \tag{5-88}$$

前面已经给出了周期为 $N=2^r-1$ 的 Gold 序列一族内的总数

$$G_r = 2^r + 1 = N + 2 \qquad (5-89)$$

为了比较，表 5-14 给出了相同级数 m 序列、M 序列和 Gold 序列的数量。

表 5-14　序列数量与级数 r 的关系

R	3	4	5	6	7	8	9
N	7(8)	15(16)	31(32)	63(64)	127(128)	255(256)	511(512)
m_r	2	2	6	6	18	16	48
G_r	9	0	33	65	129	0	513
M_r	2	16	2 048	67 108 864	1.44×10^{17}	1.33×10^{36}	2.26×10^{74}

注：表中括号内为 M 序列的周期（长度）。

第 6 章

扩频系统信号的产生与调制

6.1 直接序列扩频通信系统

直接序列扩频通信系统，又称为"平均"系统或伪噪声系统。它是目前应用较为广泛的一种扩频通信系统。

6.1.1 直接序列扩频信号的产生

直接序列扩频信号是采用直接序列调制的方法产生的。直接序列调制就是用高速率的伪随机码序列与信息码序列模 2 加（或伪随机码波形和信息码波形相乘）后产生的复合码序列（复合码波形）去调制载波。一般情况下，直接序列调制均采用 PSK 调制方式，而较少采用 FSK 或 ASK。由调制理论知，在 PSK、FSK 和 ASK 三种调制方式中，PSK 信号是最佳调制信号，即在其他条件相同的情况下，采用 PSK 方式系统的误码率最低。为了节省发射功率和提高发射机工作效率，通常采用抑制载波的二相平衡调制方式。采用平衡调制的另一优点是在电子对抗中，对方使用常规接收机检测载波比较困难，从而提高系统抗侦破的能力。所以直接序列调制一般都采用二相平衡调制方式。图 6-1 给出了直接序列扩频通信系统的原理方框图和扩频信号传输示意图。

下面对图 6-1 作一简单解释。在解扩过程中要求扩频码同步，即 $c(t-T_d)=c_r(t-\hat{T}_d)$，这由扩频码同步捕获及跟踪电路来完成，这部分我们将分别在第 7 章中详细讨论。在图 6-1(b) 中，(1)～(4) 表示发射端扩频调制过程中各点的信号示意图；(5)～(7) 表示接收机解扩解调过程中各点信号示意图；(8)～(9) 为干扰信号通过相关器前后的变化情况。干扰信号(8)经相关处理后仍为带限信号，示意图参见(9)。因为干扰信号与接收机中本地参考扩频码序列不相关（或相关性很小），所以在相关处理过程中，其功率谱与本地扩频码的功率谱在卷积积分后展宽了频带，降低了功率电平。卷积后的宽带干扰信号经中频带通滤波器滤波后，干扰信号的大部分功率被滤除，使得进入解调器的信号功率和干扰功率之比提高，因而干扰信号对信息解调的危害减轻，中频滤波后的频谱示意图如图 6-2 所示。

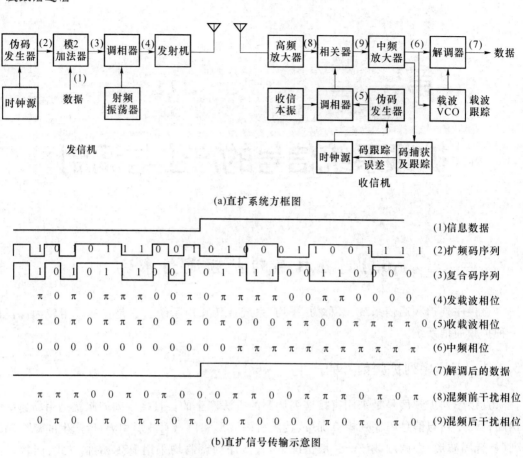

(a)直扩系统方框图

(b)直扩信号传输示意图

图 6-1　直接序列扩频通信系统方框图和扩频信号传输示意图

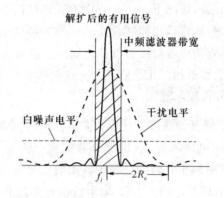

图 6-2　接收机中频滤波器输出信号频谱示意图

6.1.2　伪随机信号的调制与混频

　　直接序列扩频通信系统信息的传输,是把信息信号调制在伪随机码序列中,再通过对载波的调制来实现传输的。因此在直接序列扩频通信系统中,常常要对伪随机码序列进行调制、变频(混频)等处理,所以我们有必要对这些问题作一简要的讨论。

首先,我们来讨论一种常用的抑制载波的双边带平衡调制。设频率 f_0 的载波为 $A\cos(2\pi f_0 t)$,调制信号为 $m(t)$,则抑制载波的双边带平衡调制波为

$$f(t) = Am(t)\cos(2\pi f_0 t) \tag{6-1}$$

式中,A 为载波幅度;f_0 为载波频率。

如果作二相移相键控调制时,调相波可表示为

$$f(t) = A\cos\lfloor 2\pi f_0 t + k_p m(t)\rfloor \tag{6-2}$$

式中,$k_p m(t)$ 是调相波的相位偏移,k_p 是比例常数,也称为调制常数,$k_p \left| m(t)\right|_{\max}$ 为调制指数(即对应载波的最大相位偏移)。在二相 PSK 调制中,调制信号 $m(t)$ 是二进制码序列。若规定二进制码序列 $m(t)$ 取"0"时,相移 $k_p m(t) = \pi \times 0 = 0$;$m(t)$ 取"1"码时,$k_p m(t) = \pi$,则有

$$f(t) = \begin{cases} +A\cos(2\pi f_0 t), & \text{当 } m(t) \text{ 取"0"时} \\ -A\cos(2\pi f_0 t), & \text{当 } m(t) \text{ 取"1"时} \end{cases}$$

显然,这样一个调制信号可等效为一个只取 ± 1 的二值波形函数对载波进行抑制载波的双边带振幅调制信号,也就是平衡调制信号。对于直接序列扩频调制而言,调制信号为扩频码 $c(t)$,若规定 $c(t)$ 的取值为 ± 1 时,式(6-2)成为

$$f(t) = Ac(t)\cos(2\pi f_0 t) \tag{6-3}$$

式中

$$c(t) = \begin{cases} 1, & \text{当二进序列}\{c_i\}\text{取"0"时} \\ -1, & \text{当二进序列}\{c_i\}\text{取"1"时} \end{cases} \tag{6-4}$$

实际上,式(6-3)就是直接序列扩频调制产生的 2PSK 信号的表达式。只要 $c(t)$ 本身不含有直流分量,平衡调制就抑制了载波。但对这种信号,接收端为了从收到的已调波中恢复出调制信号,必须要准确地恢复载波分量。此外,载波频率必须远远地高于调制信号中有用信号的最高频率,否则,会发生频谱的交叠,产生折叠噪声,使传输信号的质量(输出信噪比)下降,如图 6-3 所示。事实上,在频谱搬移过程中产生的频谱折叠,折叠过来的那部分叠加在未折叠的部分上,如图 6-3(b)中的阴影部分,使信号频谱的结构发生了变化,如图 6-3(c)所示。所以折叠过来的那部分频率分量不仅是有用信号能量的损失,使信号产生失真,而且对有用信号产生了干扰,这一点可以从图 6-3 中清楚地看出来。

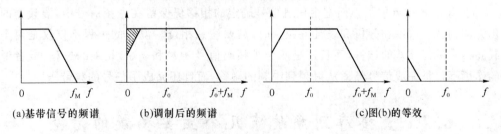

(a)基带信号的频谱　　　(b)调制后的频谱　　　(c)图(b)的等效

图 6-3　频谱折叠示意图

从频谱的观点来看,调制的结果就是把调制波的频谱搬移到了 f_0。因此只要知道了扩频码信号 $c(t)$ 的频谱 $S_c(f)$ 和被调制的载波频率 f_0,就可以知道被扩频码信号平衡调制后已调信号的频谱了。图 6-4 给出了直接序列调制前后信号频谱的示意图。

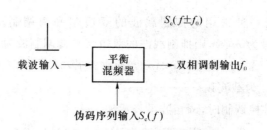

图 6-4 直接序列调制前后的信号频谱示意图

在图 6-4 中,载波 f_0 被扩频码序列 $c(t)$ 平衡调制后,把扩频码的频谱 $S_c(f)$ 搬移到 f_0 上,调制后的信号频谱为 $S_c(f\pm f_0)$。

下面再来考虑接收端混频的情况。在扩频接收机中,信号的混频过程也就是信号的相关解扩过程,所以用来作为混频的接收本地参考振荡信号不再是频率单一的正弦波,而是受本地参考扩频码 $c_r(t)$ 调制的已调信号。这样扩频接收机的混频就是两已调信号的混频。混频的过程是参与混频的两个信号相乘的过程。如果参与混频的两个信号分别是 $A_1d(t)c(t)\cos(2\pi f_0 t+\varphi_1)$ 与 $A_2c_r(t)\cos(2\pi f_r t+\varphi_2)$ 相乘,考虑只取差频项,并设和频项被滤除,则有

$$\frac{1}{2}A_1A_2d(t)c(t)c_r(t)\cos(2\pi f_{IF}t+\varphi)=Ac(t)c_r(t)d(t)\cos(2\pi f_{IF}t+\varphi) \quad (6\text{-}5)$$

式中,$f_{IF}=f_r-f_0$ 为中频频率;f_r 和 f_0 分别为收端本振和发端载波的频率;$\varphi=\varphi_2-\varphi_1$ 为相差,φ_2 和 φ_1 分别为本地载波和发端载波的初相;$d(t)$ 为被传输的信息信号;$c(t)$ 为发端的扩频码;$c_r(t)$ 为收端本地参考扩频码。

当两个二进制扩频码波形 $c(t)$ 和 $c_r(t)$ 完全相同,即 $c(t)$ 与 $c_r(t)$ 具有相同的结构和周期(即码长相等)、码元同步且相位完全相同时,我们有

$$c(t)c_r(t)=1 \quad (6\text{-}6)$$

若式(6-6)成立时,混频器的输出信号就是被解扩但含有信息的中频带通信号。因为在扩频通信系统中,输入已调波信号中包含有信息信号 $d(t)$,即 $f_1(t)=A_1d(t)c(t)\cos(2\pi f_1 t+\varphi_1)$,扩频码已经和待传输的信息码实现了波形相乘,它载有待传送的信息,而本地的参考信号 $f_2(t)=A_2c_r(t)\cos(2\pi f_r t+\varphi_2)$ 中无信息信号,因此它们之间有相移。两个周期相同、码相位同步的调相信号混频的结果是混频器输出信号中不再包含有扩频码 $c(t)$,即扩频信号被解扩了。而把由信息信号确定的相移仍保留在中频信号中,混频器的输出仍为调相波。所以在分析和设计混频器时,需要注意相位。混频的过程不仅仅是两个输入载波相乘进行外差的过程,而且还是两个扩频码信号 $c(t)$ 和 $c_r(t)$ 相乘的过程;或者说混频的作用不仅是完成信号频谱从射频到中频的搬移,而且还完成了信号的频带压缩。

6.2 直接序列系统中几个主要参数的讨论

6.2.1 直接序列系统中射频带宽的考虑

直接序列扩频系统中射频带宽直接影响系统的性能,系统的带宽和传送的信息速率决

定了系统的扩频处理增益,也决定了系统的抗干扰能力。对于直接序列扩频系统的射频带宽,通常我们只考虑功率谱主瓣的宽度。当调制信号为非归零码时,信号功率谱密度函数的包络是$(\sin x/x)^2$型的,主瓣的带宽(单边)为R,主瓣的3 dB带宽(单边)为$0.44R$,R为调制信号码的比特速率。在任何情况下,直接序列扩频系统的射频带宽都几乎严格地是扩频码比特速率的函数。在采用PSK方式时,直接序列扩频信号的功率谱密度函数是$(\sin x/x)^2$型的伪噪声谱,系统的射频带宽为$2R_c$,R_c为伪随机码比特速率。

图6-5给出了$(\sin x/x)^2$型功率谱密度函数中功率的分布情况。图中画出了在等于码比特速率3倍的范围内前两个旁瓣的相对幅度。在$(\sin x/x)^2$型功率谱中,总功率的90%包含在等于2倍码比特速率的带宽内$(-R_c \sim +R_c)$;总功率的95%包含在等于4倍码比特速率的带宽内$(-2R_c \sim +2R_c)$;总功率的96.7%包含在等于6倍码比特速率的带宽内$(-3R_c \sim +3R_c)$。

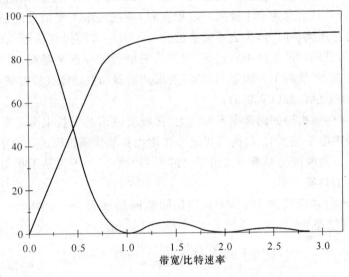

图6-5 $\left(\dfrac{\sin x}{x}\right)^2$型频谱中功率的分布

如果我们取功率谱主瓣作为扩频信号的带宽时,信号的功率损失较小,只有包含在旁瓣中10%的功率被损失掉了。但是信号能量的损失并不是带宽限制的唯一结果,旁瓣中丰富的高频分量来自调制信号陡峭的上升沿和下降沿。因此假如过分地限制射频带宽就等于限制了调制信号(扩频伪随机码)的上升沿和下降沿,这将使伪随机码尖锐的三角形相关函数顶峰变得圆滑,这将影响系统的抗干扰性能。图6-6给出了带宽受限对扩频伪随机码序列波形和相关函数的影响。图中B_{RF}为射频滤波器的带宽。

(a)不同带宽时对信号波形的影响

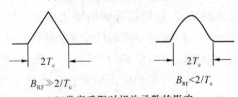

(b)带宽受限对相关函数的影响

图6-6 带宽受限对信号波形及相关函数的影响

综合前面几个因素,在确定直接序列带宽时,必须考虑功率损失、处理增益和信息信号的速率及系统抗干扰能力的要求。特别是当直接序列信号用于测距系统中时,射频带宽受限的问题更显得十分重要,如图 6-6(b)中相关函数的变坏会导致测距精度的下降。

6.2.2　直接序列系统的处理增益

直接序列系统的处理增益是伪码速率与信息信号速率的函数。这里所说的增益是指信号从信息带宽和射频带宽之间的变换而带来的信噪比的改善程度。

如果对直接序列系统中射频带宽与信息带宽之比值不加任何限制,则系统的处理增益可以无限制地增加,但实际上是不可能的。有两个参量可以用来调整处理增益:一个是信息信号的速率,它取决于奈奎斯特速率;另一个是射频带宽,它取决于所用伪随机码的速率。降低信息速率可以增加处理增益,但信息速率是由信源而不是由传输系统决定,信息速率不可能任意地减小,一旦信息速率下降到一定程度时,再进一步下降信息的速率,就不能在规定的时间将信息传送到接收方,失去了通信的意义。另一方面提高伪随机码速率可以增大处理增益,但伪随机码时钟速率不宜过高,因为伪随机码时钟速率越高,对伪随机码发生器电路的要求也越高,系统的工作频带也越宽,要求调制器和混频器在较宽的频带内保证一定的线性度,在工程上也是难以实现的。

另外,当扩频伪随机码的码速率不断增大,接收机输出的干扰电平不断下降,并将减小至与接收机热噪声电平相当时,这时若再进一步增大扩频伪随机码的码速率,并不能改善输出信号的信噪比。这时因为影响输出信噪比的主要因素已经不再是干扰信号的功率,而取决于接收机内部的热噪声了。

例如,某系统射频带宽为 100 MHz,即伪随机码速率 $R_c = 50$ Mbit/s,信码速率 $R_b = 16$ kbit/s,则处理增益为

$$G_p = 10\lg \frac{50 \times 10^6 \text{ bit/s}}{16 \times 10^3 \text{ bit/s}} = 34.95 \text{ dB} \tag{6-7}$$

若接收机可能受到的最大干扰信号电平为 -93 dBm,接收机输出的干扰信号电平为

$$-93 \text{ dBm} - 34.95 \text{ dBm} = -127.95 \text{ dBm} \tag{6-8}$$

接收机输出的热噪声电平为

$$-10\lg kTB \approx -128.78 \text{ dBm} \tag{6-9}$$

式中,$k = 1.38 \times 10^{-23}$ J/K 为玻耳兹曼常数;$T = 300$K 为接收机的工作温度(绝对温度);$B = 16 \times 2$ kHz 为接收机的等效噪声带宽(解扩后信号的带宽)。

若把带宽提高到 200 MHz,则 $G_p = 37.95$ dB,这时接收机输出的干扰信号电平为 -130.95 dBm。输出的干扰信号电平和接收机的热噪声电平已大致相等,若再进一步提高系统的处理增益,输出信号的信噪比不会明显改变。

若把带宽提高到 400 MHz,即伪随机码速率再增加一倍时,处理增益增加了 3 dB,接收机输出的干扰信号电平成为 -133.95 dBm。输出的干扰信号电平已比接收机的热噪声电平小 5.17 dB,这时影响输出信号信噪比的主要因素已不再是干扰信号了。如果把增加 3 dB 的处理增益和目前技术条件下电路工作速率加倍而花费的努力相比,在系统的性能并未改善多少的情况下,是得不偿失的。

如果保持扩频码的速率仍为 50 Mbit/s 不变,而降低信息比特率,效果会更好一些。目前国内外在开展语音数码压缩技术的研究,如线性预测编码,矢量量化编码,语音识别技术

等,将会使信息比特率大大降低。如将信息码速率 R_b 从 16 kbit/s 压缩到 2.4 kbit/s,则处理增益为

$$G_p = 10\lg \frac{50 \times 10^6 \text{ bit/s}}{2.4 \times 10^3 \text{ bit/s}} = 43.19 \text{ dB} \qquad (6\text{-}10)$$

可见基带信号的码速率下降后获得 8.24 dB 的好处。降低信息速率比增加伪码速率更有利,这要在系统设计时综合考虑。由于信息速率的降低,接收机中解调器的带宽相应地减小为 $B = 2.4 \times 2$ kHz,接收机输出的热噪声电平为

$$-10\lg kTB \approx -120.54 \text{ dBm} \qquad (6\text{-}11)$$

在接收机输入干扰信号电平不变的情况下,输出的干扰信号电平为

$$-93 \text{ dBm} - 43.19 \text{ dBm} = -136.19 \text{ dBm} \qquad (6\text{-}12)$$

可看出,在此情况下,影响系统输出信噪比的主要因素还是干扰信号,此时提高扩频码的速率对系统的抗干扰性能会有进一步的改善。

6.3 直接序列系统中信息的发送

到目前为止,我们很少谈到扩展频谱系统中信息信号传输方法的问题。如果没有具体传输信息信号的方法,则任何通信系统都没有存在的必要。下面我们专门讨论一下适合于直接序列扩频系统传输信息信号的技术。

6.3.1 信息的 FSK 调制

在扩展频谱通信系统中一般不采用振幅调制的调制方式,这是因为调幅信号易于解调,不利于信息的保密,且调幅信号的抗干扰能力较差。图 6-7 给出了一种信息-FSK/扩频码序列-PSK 的扩频原理方框图,它是一种可用的调制方案。

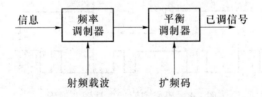

图 6-7 信息-调频/直接序列-调相方框图

在这种方案中,信息信号先对射频载波进行频率调制,然后用扩频伪随机码对已调载波再进行相位调制。所以这种系统输出的扩频信号的功率谱包络为 $(\sin x/x)^2$ 型,包络内的谱线位置随着调制载波的信息频率而偏移,合成的信号是信息-FSK 调频/扩频码序列-PSK 的信号,其时域表达式为

$$s(t) = Ac(t)\cos[2\pi(f_0 + d(t)\Delta F)t + \varphi_0] \qquad (6\text{-}13)$$

式中,$c(t)$ 为扩频伪随机码,取值 +1 或 -1,码速率为 R_c;A 为载波振幅;f_0 为载波中心频率;$d(t)$ 为信息码,取值 +1 或 -1,码速率为 R_b;ΔF 为最大频偏;φ_0 为载波初相位。

若对该信号进行平方处理,则产生 2 倍频项:

$$s^2(t) = \frac{1}{2}A^2 + \frac{1}{2}A^2\cos[2\pi(2f_0 + 2d(t)\Delta F)t + 2\varphi_0] \qquad (6\text{-}14)$$

式(6-14)中的第 2 项中是已经解扩的带有全部调制信息的信号,由于这个原因,对于有一定保密要求的扩展频谱通信系统,这种方案是不可取的。

6.3.2 信息的 PSK 调制

在直接序列扩频通信系统中,较常用的方案是用信息码对射频载波进行相移键控调制,然后再用扩频伪随机码对已调载波进行相移键控调制,合成的信号是信息-PSK/扩频码序列-PSK 的信号。

这种方案可等效为将信息码序列和扩频伪随机码序列模 2 加(或波形相乘),形成的复合码对射频载波进行 PSK 调制。一些文献中把这种方案称为码变型(反转)相移键控调制。形成的复合码是由扩频伪随机码及其反相码组成,当信息数据流中出现"0"符号时,输出的复合码为扩频伪随机码,当信息数据流中出现"1"符号时,输出的复合码是扩频伪随机码的反相码。即每当信息数据流中出现 0-1 的变换时,输出的复合码中的扩频伪随机码反转码的符号(相对于前一个信息比特,扩频伪随机码序列的 1 变成 0,0 变成 1),图 6-8 给出这种码变型的原理方框图及波形。

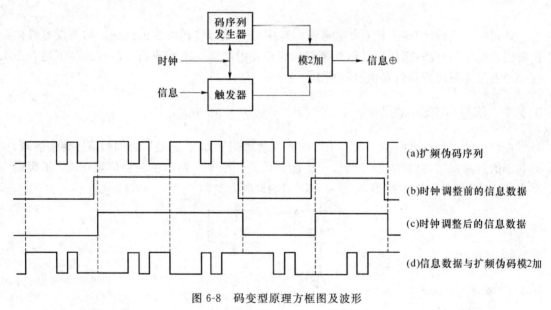

图 6-8　码变型原理方框图及波形

6.3.3 QPSK 调制

在一般数字通信系统中,利用 QPSK 的目的是节省频谱,即在相同发射功率的条件下,要得到与 BPSK 相同的误码率,所需传输带宽可节省一半。但在扩频系统中,有时候带宽的利用率并不是最重要的,这时利用正交调制的原因是由于在低概率检测的应用中它更难于检测,且正交调制对某些类型的干扰不敏感。

(1) 信息-BPSK/扩频码序列-QPSK

图 6-9 给出了信息-BPSK/扩频码序列-QPSK 扩频系统方框图。图 6-9(a)所示为扩频系统发端方框图,其中数据 $d(t)$ 采用 PSK 调制方法,功率分配器将输入信号的功率在两个支路中均分,送入正交支路的信号经移相器相移 90°。

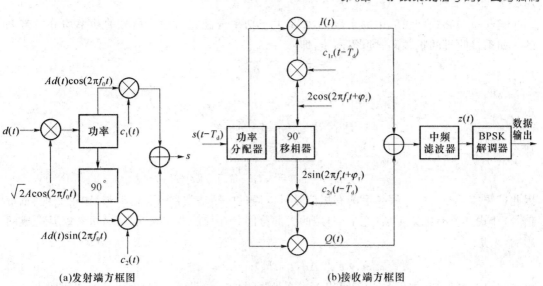

(a)发射端方框图　　　　　　　　　　　(b)接收端方框图

图 6-9　信息-BPSK/扩频码序列-QPSK 直扩系统方框图

信息-BPSK/扩频码序列-QPSK 调制器的输出为

$$s(t) = Ad(t)c_1(t)\cos(2\pi f_0 t) + Ad(t)c_2(t)\sin(2\pi f_0 t)$$
$$= s_I(t) + s_Q(t) \tag{6-15}$$

式中，$c_1(t)$ 和 $c_2(t)$ 分别为同相支路和正交支路的扩频码，两扩频码的码速率相同但码结构不同，取值为 ± 1。在设计时我们取 $c_1(t)$ 和 $c_2(t)$ 的码速率是同步的并且相干（由同一时钟源驱动），$c_1(t)$ 和 $c_2(t)$ 彼此独立。可以看出，式(6-15)中两个正交项的功率谱与前面给出的 BPSK 信号的功率谱的形式是相同的，所以信息-PSK/扩频码序列-QPSK 信号的功率谱等于同相信号功率谱与正交信号功率谱的代数和，这可以通过计算 $s(t)$ 信号的自相关函数来得到验证。根据自相关函数的定义

$$R_s(\tau) = E[s(t)s(t + \tau)]$$
$$= E\{[s_I(t) + s_Q(t)][s_I(t + \tau)s_Q(t + \tau)]\}$$
$$= R_{s_I}(\tau) + R_{s_Q}(\tau) + E[s_I(t)s_Q(t + \tau)] + E[s_I(t + \tau)s_Q(t)] \tag{6-16}$$

由于 $s_I(t)$ 和 $s_Q(t)$ 中的扩频码是彼此独立的，载波是正交的，所以式(6-16)中的后两项等于 0。

图 6-9(b)所示为信息-BPSK/扩频码序列-QPSK 扩频接收机方框图。其中，中频滤波器的中心频率为 f_{IF}，其带宽为 $2R_b$（R_b 为信息信号的码速率），已调信号 $d(t)\cos(2\pi f_{IF})$ 可以不失真地通过中频滤波器。混频后同相支路的信号 $I(t)$ 和正交支路的信号 $Q(t)$ 分别为（仅考虑差频项，和频项不能通过中频滤波器可忽略）

$$I(t) = \frac{A}{\sqrt{2}}d(t - T_d)c_1(t - T_d)c_{1r}(t - \hat{T}_d)\cos(2\pi f_{IF} + \varphi) -$$
$$\frac{A}{\sqrt{2}}d(t - T_d)c_2(t - T_d)c_{1r}(t - \hat{T}_d)\sin(2\pi f_{IF} + \varphi) \tag{6-17}$$

$$Q(t) = \frac{A}{\sqrt{2}}d(t - T_d)c_1(t - T_d)c_{2r}(t - \hat{T}_d)\sin(2\pi f_{IF} + \varphi) +$$
$$\frac{A}{\sqrt{2}}d(t - T_d)c_2(t - T_d)c_{2r}(t - \hat{T}_d)\cos(2\pi f_{IF} + \varphi) \tag{6-18}$$

式中，$\varphi = \varphi_r - \varphi_0$ 为相差，φ_r 为本振信号的初相，φ_0 为接收信号的初相；T_d 为传播延迟。

式(6-17)和式(6-18)中的系数 $1/\sqrt{2}$ 是由于功率分配器将输入信号的功率均分所带来的。如果接收机的扩频码已取得同步,即

$$\hat{T}_d = T_d$$

$$c_{1r}(t - \hat{T}_d) = c_1(t - T_d)$$

$$c_{2r}(t - \hat{T}_d) = c_2(t - T_d)$$

那么

$$c_1(t - T_d)c_{1r}(t - \hat{T}_d) = c_2(t - T_d)c_{2r}(t - \hat{T}_d) = 1$$

因此扩频信号被解扩。解扩后的有用信号可以通过中频滤波器,而式(6-17)中第 2 项(宽带信号)和式(6-18)中第 1 项(宽带信号)的大部分能量在加法器中相互抵消,可忽略其造成的影响,于是

$$z(t) = \sqrt{2}Ad(t - T_d)\cos(2\pi f_{IF} + \varphi) \tag{6-19}$$

由式(6-19)可见,数据信号 $d(t)$ 可以无失真地通过中频滤波器,$z(t)$ 信号经解调后即可恢复原始的信息信号 $d(t)$。

在实际工程中,当 $d(t)$ 的码速率较高时,已调信号 $d(t)\cos(2\pi f_0 t)$ 的带宽较宽,对一宽带信号进行移相 $90°$ 而不产生失真是比较困难的。图 6-9(a)中的 $90°$ 移相器对宽带信号中所有频谱分量的信号都移相 $90°$,这在工程上是比较难实现的,通常采用两路 BPSK 调制的方式来代替,如图 6-10 所示。

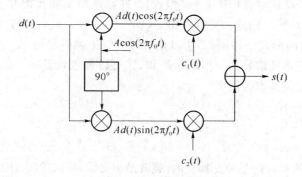

图 6-10 一种信息-BPSK/扩频码序列-QPSK 调制方法

在采用图 6-10 所示的调制方法中,要注意同相支路和正交支路元器件的选取尽量保证一致,否则因两路元器件参数的不一致,造成输出信号幅度的差异,使得合成信号中的同相信号和正交信号幅度不同而产生寄生调幅的现象。

(2) 平衡 QPSK 直接序列扩频系统

平衡 QPSK 直接序列扩频系统方框图如图 6-11 所示。发端方框图如图 6-11(a)所示,串并变换电路将输入的基带数字信号分为奇偶两路后分别送入同相和正交支路对载波进行调制,由图 6-11(a)可见,发射机输出的信号 $s(t)$ 为

$$s(t) = Ad_o(t)c_1(t)\cos(2\pi f_0 t) + Ad_e(t)c_2(t)\sin(2\pi f_0 t) \tag{6-20}$$

由于在同相支路和正交支路中的调制信号 $d_o(t)$ 和 $d_e(t)$ 是由同一信源串并变换而来,两路调制信号的码速率相同且是信息信号码速率的 $1/2$,扩频码 $c_1(t)$ 和 $c_2(t)$ 的码速率是相同

的,并且同相支路和正交支路输出的功率也是相同的,所以这种类型的调制方式叫做平衡 QPSK 调制。

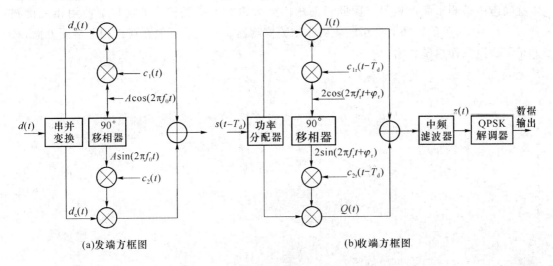

(a)发端方框图　　　　　　　　　　　(b)收端方框图

图 6-11　平衡 QPSK 直扩系统方框图

平衡 QPSK 直接序列扩频系统接收机方框图如图 6-11(b)所示。由图 6-11(b)可得混频器输出的差频分量为(忽略和频分量)

$$I(t) = \frac{A}{\sqrt{2}} d_o(t - T_d) c_1(t - T_d) c_{1r}(t - \hat{T}_d) \cos(2\pi f_{IF} t + \varphi) -$$

$$\frac{A}{\sqrt{2}} d_e(t - T_d) c_2(t - T_d) c_{1r}(t - \hat{T}_d) \sin(2\pi f_{IF} t + \varphi) \tag{6-21}$$

$$Q(t) = \frac{A}{\sqrt{2}} d_o(t - T_d) c_1(t - T_d) c_{2r}(t - \hat{T}_d) \sin(2\pi f_{IF} t + \varphi) +$$

$$\frac{A}{\sqrt{2}} d_e(t - T_d) c_2(t - T_d) c_{2r}(t - \hat{T}_d) \cos(2\pi f_{IF} t + \varphi) \tag{6-22}$$

当接收机中的扩频码已获得同步时,式(6-18)中的第二项和式(6-19)中的第一项是宽带信号,大部分能量被中频滤波器滤除,可忽略其造成的影响,因而中频滤波器的输出为

$$z(t) = \frac{A}{\sqrt{2}} d_o(t - T_d) \cos(2\pi f_{IF} t + \varphi) + \frac{A}{\sqrt{2}} d_e(t - T_d) \sin(2\pi f_{IF} t + \varphi) \tag{6-23}$$

这个信号恰好是经过数据 $d(t)$ 调制的中频 QPSK 信号,经 QPSK 数据解调以后即可恢复原始数据 $d(t)$。

(3) 双通道 QPSK 直接序列扩频系统

另一种 QPSK 扩频调制解调方案如图 6-11 所示。其中同相支路和正交支路中信息信号 $d_1(t)$ 和 $d_2(t)$ 的码速率 R_{b_1} 和 R_{b_2} 可以不相同的,同样两支路中扩频码 $c_1(t)$ 和 $c_2(t)$ 的码速率 R_{c_1} 和 R_{c_2} 也可以是不相同的。这种调制叫做双通道 QPSK。其发射机输出的信号为

$$s(t) = A d_1(t) c_1(t) \cos(2\pi f_0 t) + B d_2(t) c_2(t) \sin(2\pi f_0 t) \tag{6-24}$$

扩频通信系统中,接收端收到的信号一般是很微弱的,信号功率通常只有一个微微瓦的十分之一到千分之一,即 $10^{-13} \sim 10^{-15}$ W($-100 \sim -120$ dBm),而信道中的大气噪声在扩频通带内为 10^{-13} W(-100 dBm)左右,其他干扰噪声更大得多,有用信号被干扰和噪声淹没。所

以扩频接收机一般要在输入端信噪比为 $-30\sim0$ dB 条件下进行信号处理。一个设计良好的相关器(如乘积检波器),可以允许在输入信噪比低达 $-50\sim-20$ dB 的恶劣条件下,从强干扰噪声中检测出微弱信号。因此目前国内外大多数的扩频信号的解扩都使用相关检测器,也有一些简单的扩频通信系统使用非相关检测器。本章重点放在讨论相干检测方面,对非相干检测只作简单介绍。

第7章

扩频系统信号的解扩、解调与同步

7.1 扩频信号的相关解扩

7.1.1 相干通信的基本概念

这里我们只讨论直接序列扩频通信系统。通常利用信号的相干性来检测淹没在噪声中的有用信号。所谓相干性,就是指信号的某个特定标记(通常指相位)在时间坐标上有确定的时间关系,具有这种性质的信号称为相干信号。对于电信号,若两信号具有相同的振荡频率,电矢量的振动方向相同,且有固定的相位差,这两个信号就是相干的。例如,一个稳定的振荡器输出信号的相位是稳定的,或者在有调制(PM,PSK)的情况下,相位按照作为时间的既定函数而变化,这个振荡信号就具有了相干性。如果振荡相位是随机变化的,则它是非相干的,这里应当说明,即使是相干信号,它的某些参数也可能是随机的。在实际振荡器中,无论相位如何稳定,都会有随机成分。但是,只要随机成分占的比例很小,小到可以忽略它的作用,或者说它的影响可以分析和控制,那么工程上仍然可以认为它是相干信号或部分相干信号。

由于相干信号除了其随机参数外还具有确定的时间关系,就可对输入信号和噪声的混合波形进行某种时域的运算,再将运算结果加以判别或者与被测参数相联系。一种典型的运算是互相关运算,设信号为 $s(t)$,噪声为 $n(t)$,信号与噪声的混合波形为

$$r(t) = s(t) + n(t) \tag{7-1}$$

$s(t)$ 可能是一组规定信号中的一个,也可能是其参数被信息调制的波形。互相关运算就是用一个与 $s(t)$ 有密切相干关系的本地参考信号 $s_r(t)$ 与 $r(t)$ 相乘后积分。即

$$\int r(t) s_r(t) dt \tag{7-2}$$

上述处理过程可用图 7-1 表示。

本地参考信号 $s_r(t)$ 与信号 $s(t)$ 的频率相同,而且相位是相干的,相乘器可以用鉴相器(或环形平衡混频器)来实现,低通滤波器起到积分的作用。

在实际的接收解调设备中,噪声往往是窄带的或者带限的,这种噪声可以分解为相互独立的一些分量,它们与本地参考信号是不相干的。

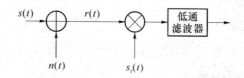

图 7-1　相干检测原理图

　　当进行相干检测时，$r(t)$ 在与有用信号相位相干的本地参考信号 $s_r(t)$ 相乘和在低通滤波器(积分器)的作用下，可以消除一部分噪声分量的影响，从而改善了接收系统输出信号的质量。在数字传输系统中，特别是对数字调相(PSK)信号，采用相干检测可以减少误码，因为数字调相信号的相干检测在占用功率、带宽和抗干扰等方面性能比较优越。相干检测过程与理论上分析的在白噪声干扰下的最佳解调方法相符合。然而，相干检测性能指标又与本地参考信号和输入信号的相干程度有关。

　　本地参考信号是由锁相环路产生的。用一个振荡器，其频率与输入信号的载波频率相近，将它的相位与输入信号相位作比较(可用鉴相来实现)，获得的误差电压称为误差信号，此误差信号经滤波平滑后，再作用于振荡器，以不断纠正(减小)振荡器输出信号的相位与输入信号载波相位的误差，于是这个受输入电压控制的振荡器的输出振荡信号的相位，就逐渐逼近于输入信号载波的相位，从而达到振荡器的输出信号与输入信号载波同频、同相的结果。它们之间近似的程度取决于相位跟踪误差。这种设备就是锁相环路，如图 7-2 所示。

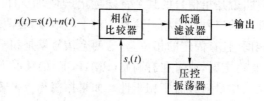

图 7-2　相干参考信号产生原理图

　　信号检测理论告诉我们，锁相环路是信号相位检测的最佳估计设备。从相位估计的统计分析可知，当相位误差较小时，锁相环路中的各部分都可以近似地线性化，于是锁相环路就可以等效为信号相位的线性系统。可以把锁相环路设计成对信号相位进行最优跟踪(这里所说的最优，是指动态跟踪误差与噪声随机误差的均方值最小)。如果我们得到了信号相位的最优估计，就可以实现完善的相干通信了。

　　在以上讨论的相干检测中，本地载波参考信号可以使用锁相环路的方法来产生。对于常规数字通信，接收端有了相干载波，即可解调出基带数字信号。然而对于扩频信号，首先要完成扩频信号的解扩，才能进行基带解调，因而接收端还要复制一个与发射端扩频码结构相同、码元同步的本地参考扩频码信号。我们称收、发两端扩频码同步信号相乘并积分的过程为相关解扩，而完成解扩功能的载波同步及码元同步的是一些特殊的锁相环，如利用平方环、科斯塔斯环(又称同相正交环)等进行载波同步；利用包络检波法、延迟相干法等完成码元的同步；利用延迟锁相环、τ 抖动环以及匹配滤波器等完成扩频码的同步。

　　下面我们在讨论扩频信号的解扩时，都是在假定载波已经同步、码元已经同步以及扩频码已经同步的前提下进行的。

　　对于直接序列系统，解扩的过程是这样的：接收到直接序列信号，则本地参考信号应为相同的直接序列信号,直扩系统所得到的扩频处理增益都是由于在相关处理的过程中,把有用的宽带信号变换成窄带信号,并把无用的窄带信号或宽带信号(干扰)变换成宽带信号从而降低干扰信号的功率谱密度,提高窄带滤波器(中频滤波器或基带滤波器)输出端的信噪比,而获得系统的处理增益。扩频信号的解扩相关器一般有两种形式,即"直接式"和"外差式"。下面讨论典型相关器的实现问题。

7.1.2　直接式相关器

直接式相关解扩原理如图 7-3 所示。相关器接收到发射端送来的相移键控(BPSK)信号为 $d(t)c(t)\cos(2\pi f_0 t)$,这个信号在接收端同与发射端扩频码相同的本地参考扩频码 $c_r(t)$ 相乘,其效果与发射调制互补:每当扩频码序列发生 0-1 或 1-0 跃变时,输入载波信号被反相。如果接收的扩频码与本地参考扩频码结构相同且在时间上(相位)已经同步,那么每当接收信号的载波有相移时,接收机中的本地参考扩频码再把它相移一次,这样两个互补的相移结合,就相互抵消了扩展频谱的调制,达到解扩的目的,而剩下的只是被原始信息调制的载波信号。如果发射端发送的信号是被信息信号调制的 AM、FM 或 PSK 等的已调信号,都将没有改变地通过相关器,送入到基带解调器解调,恢复发射端的基带信号。

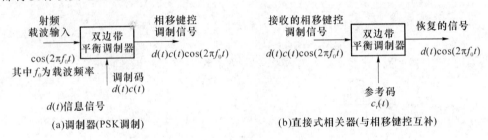

图 7-3　直接式相关解扩器

直接式相关器的优点是结构简单,缺点是对于干扰信号有直通的现象。由图 7-3 我们可以看到,相关器输入的载波中心频率与输出的载波中心频率是一样的,即如果输入相关器的相移键控已调信号的中心频率是 f_0,则恢复后(即解扩后)的载波频率也是 f_0,那么一个在载波 f_0 附近的窄带干扰信号(比有用信号强得多)就有可能绕过相关器,如通过空间波耦合的形式,直接泄漏出去。当发生泄漏时,相关器的抑制能力是很差的,因为干扰信号不是通过相关器而是绕过了相关器,干扰信号没有参加相关运算就直接到达相关器的输出端,失去了在解扩过程中系统所能获得的处理增益。由于这个原因,直接式相关解扩的抗干扰能力较低,它仅能用在一些对抗干扰能力要求不高的扩频系统中。对于要求较高的扩频系统一般是不使用的。

7.1.3　外差式相关器

外差式相关器是一种输出信号的中心频率与输入信号的中心频率不同的相关器。在相关解扩的过程中,同时完成了信号的混频,即将载有信息的信号变换到一个新的中心频率上(即某个中频),这就避免了载波附近的干扰信号直接泄漏到输出端,同时也简化了接收机的设计,使外差式相关器后面的电路在较低的频率下工作,性能也较为稳定,且可以进行标准化设计和制作。直接序列相关器一般使用外差式相关器。

直接序列扩频系统相关过程是本地参考信号与输入信号在频域内两信号进行功率谱的卷积运算,在时域里是两信号——对应进行逐比特的码元比较。

直扩系统中接收机的外差式相关器方框图如图 7-4 所示。在直接序列相关器中,接收机产生一个本地参考信号,该参考信号是与所接收的直接序列信号有一个频差,即差一个中频 f_{IF},与发射端信号的区别仅仅在于本地参考信号是没有被信息码 $d(t)$ 调制的。直接序列扩频系统外差式相关器信号的频谱如图 7-5 所示,从频谱的搬移变换中,我们更能清楚地看出外差式相关器的工作过程。

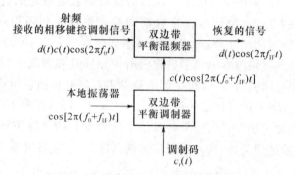

图 7-4   直接序列系统中的外差式相关器

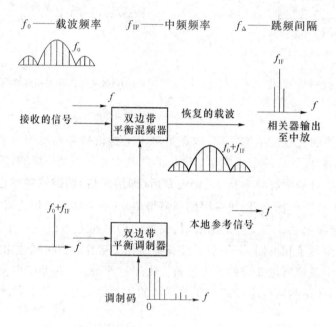

图 7-5   直接序列系统外差式相关器中信号的频谱

图 7-4 中本地参考扩频码信号是用与发射端扩频码信号完全相同的办法来产生的,所以在同一部收发信机中当发射机与接收机不是同时工作时,特别是系统是同频半双工工作时,同一个扩频码发生器可以担任发射机中的扩频码发生器和接收机中的本地参考扩频码信号发生器这两者的工作。当然当扩频码发生器同时作为接收机和发射机用时,扩频码发生器的时钟电路是不相同的,这是因为在接收机中本地参考扩频码的时钟频率以及码的相

位要与接收到的扩频码(由远端传输而来)同步。收发转换的控制可使用多种方式来完成，如微处理器控制。

7.1.4　码元同步偏移对相关处理的影响

在直接序列扩频系统中，相关器的主要作用是使本地参考信号与输入的有用信号进行匹配，使有用信号达到最大的输出，将隐藏在噪声中的载有信息的信号恢复出来。

前面我们都是假设接收机的本地参考扩频码和输入信号的扩频码之间在码结构和时间相位上都已经取得了很好的同步。但在实际系统中，由于收发两端振荡器的振荡频率和初始相位的微小差别，或由于在发射机与接收机之间电波在传播过程中受到干扰影响和传输延迟而产生差别，使系统收发用扩频码之间码元同步发生偏移。正如前面所说，传输系统中出现的任何不理想情况，都将使得输出信号质量下降。同样，这种码元同步偏移在相关处理过程中必然导致相关损失——部分有用信号的功率转换为噪声功率，相关损失的大小取决于码元同步偏移的大小。因此我们有必要研究一下码元同步状态发生偏移时，对相关器输出的影响。

在第5章讨论伪随机编码信号时，我们曾经给出最大线性移位寄存器产生的序列(即 m 序列)的自相关函数，如图7-6所示的三角波。

这种 m 序列具有优良的自相关特性，即它们的自相关函数在所有位移时都表现得很好。由图7-6中看出，当位移 $\tau=0$ 时自相关函数为最大值。当位移大于零而又小于 $|\pm T_c|$ (T_c 为码元的持续时间)时，自相关函数沿三角形斜边线性下降。因此采用 m 序列作为扩频码信号时，相关器产生的最大输出信号，是在两个码的相对位移为 0 的时刻发生的，采用其他类型的伪随机码也有同样的结

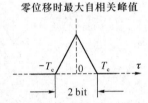

图 7-6　二进制码序列的自相关波形

果。也就是说，当本地参考扩频码与接收到的扩频码是严格对准时，输出信号最大，此时有最佳信噪比。当输入扩频码与本地参考扩频码同步之前或者不完全同步的时候(即发生码元同步偏移时)，有用信号的一部分与本地参考扩频码的功率谱进行卷积而带宽被展宽成为噪声输出，输出的噪声总量取决于同步的程度。当完全不同步时(即本地参考扩频码与接收到的扩频码之间差一个码元以上时)，相关器输出几乎全部成为噪声。

由上所述可知，我们从相关器输出端看到的噪声有如下几类：

(1) 大气噪声和电路系统内部噪声与本地参考扩频码混频后的输出；

(2) 无用信号(干扰信号)与本地参考扩频码混频后的输出；

(3) 有用信号与本地参考扩频码(指码元同步偏移引起的)混频后的输出。

大气噪声和电路内部噪声在无用信号(干扰信号)存在的情况下可以忽略，因为扩展频谱信号能够在无用信号功率比有用信号功率大得多的环境里工作。而有用信号与本地参考扩频码的码元同步发生偏移引起的这部分噪声有一定的危害性。

当一对结构相同的扩频码在没有完全同步时，混频过程将产生许多新的频率分量，在码元同步的时间内，输入扩频码与本地参考扩频码重叠，并且被变换为中频的窄带信号；然而在码元不同步的时间内，输入扩频码与本地参考扩频码不重叠的部分，两者相乘所形成的信号的协方差功率不为零，这部分的输出就是噪声。这些噪声一部分将落在中频带宽之内，从

而降低了系统的输出信噪比。所以在码元同步发生偏移时,不仅造成有用信号输出功率的下降,同时还造成输出噪声功率的增加。因此在扩展频谱系统的相关处理过程中,对于码元同步的要求是十分严格的。

7.1.5 载波抑制度不足和码不平衡对直接序列相关器输出的影响

我们来研究当载波抑制度不足和码不平衡时,对相关器输出形成的影响。

图 7-7 给出了由于载波抑制度不足和码不平衡时的直接序列信号频谱示意图,主瓣宽度 $2R_c$。中心点 f_0 处谱密度不为 0,是由于载波抑制不足而产生的残留载波。频谱主瓣零点 $f_0 + R_c$ 与 $f_0 - R_c$ 处,信号的谱密度不为 0,是由于调制码中包含有位同步的时钟分量,位同步的时钟分量进入调制器而产生的寄生调制信号,频谱第二个零点 $f_0 + 2R_c$ 及 $f_0 - 2R_c$ 处的寄生调制信号是由于调制码中包含有位同步时钟的二次谐波分量而造成的。

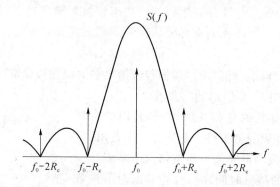

图 7-7　载波抑制不足和码时钟泄露时 DS 信号频谱

当载波抑制不足时,这个残留载波相当于一个进入接收机的单频正弦波干扰信号,通过相关解扩器后,增加了相关器的输出噪声,降低了接收机输出信号的信噪比。

图 7-7 中,在主瓣零点 $f_0 + R_c$ 及 $f_0 - R_c$ 处的因调制码的位同步时钟进入调制器而造成的寄生调制信号,使得调制器输出的已调波信号产生寄生调幅,同样也相当于一个进入接收机的单频正弦波干扰信号,通过相关器后,同样增加了接收机的输出噪声,降低了输出信号的信噪比。由于扩频接收机的射频带宽通常为 $2R_c$,所以 $f_0 + 2R_c$ 及 $f_0 - 2R_c$ 处的寄生调制信号不会进入接收机,也就不会对接收机造成任何影响。

在外差式相关处理过程中,不仅要求发送端送来的扩频信号对载波有很好的抑制度和对调制码位同步时钟分量有很好的抑制性能,而且要求本地参考信号的平衡调制器也必须对载波和扩频码位同步时钟所产生的寄生调制信号有良好的抑制度。如图 7-4 所示的本地参考信号的平衡调制器,假若它产生的本地参考信号,也有像图 7-7 那样差的频谱,当加到外差式相关器时,接收信号的中心频率位于 f_0,而本地参考信号的中心频率为 $f_0 + f_{IF}$,则信号频谱主瓣两侧的第一个零点 $f_0 + f_{IF} \pm f_{时钟}$ 处谱分量不为 0,而是一个位同步时钟所产生的寄生调制信号。正如前面所述,信号在时域的相关处理过程就是信号在频域的卷积过程,而不含有任何信息的 $f_0 + f_{IF} \pm f_{时钟}$ 单频信号通过相关解扩后变成了噪声,部分分量将会落在接收机的中频带宽内,送到下级窄带检测器,增加了接收机的输出噪声,降低了输出信噪比。

解决这些问题的办法之一,是要求直接序列系统使用的平衡调制器的载波抑制度至少等于系统的处理增益。例如,系统扩频带宽为 20 MHz,而它的检测器带宽为 10 kHz,则处理增益是 33 dB,于是平衡调制器载波抑制度至少要有 33 dB。若系统处理增益很高时,比如 60 dB,则可以采用几个平衡调制器的级联来达到所要求的载波抑制度(因为常用的平衡调制器载波抑制度一般为 40~50 dB)。

已调信号中位同步时钟分量的出现是由于进入调制器的调制码不理想造成的。我们知道,理想的非归零码(NRZ 码)中是不包含位同步时钟分量的,由于调制器接口电路的不理想,如带宽不够宽,将造成调制码的失真或畸变,如"0"码元宽度和"1"码元宽度不相等,如图7-8 所示,使得部分非归零码码元产生非线性失真,非归零码变成"归零"码(RZ 码)。

图 7-8(a)是无失真的非归零码,其对应的功率谱密度函数如图 7-8(c)所示,图中 T_c 为码元宽度。图 7-8(b)是失真的码元,$T_a < T_c$,$T_b > 2T_c$,对应的功率谱如图 7-8(d)所示。码元失真后不仅使得频谱变宽,而且在位同步时钟分量处产生了线谱。

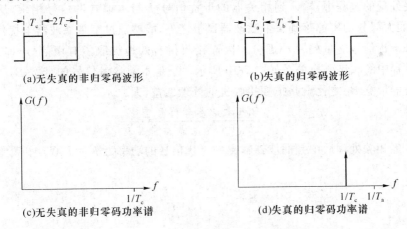

(a)无失真的非归零码波形   (b)失真的归零码波形

(c)无失真的非归零码功率谱   (d)失真的归零码功率谱

图 7-8 调制码失真及频谱示意图

克服调制码位同步时钟分量出现的技术措施,主要是设计较理想的调制码接口电路,在条件允许的情况下,尽量加大调制码接口电路的频带宽度,使进入调制器的码元失真和畸变尽量减小。

7.1.6 有干扰时相关器的输出

随着干扰电平的增加,直接序列接收机相关器输出的信噪比要下降。这就要求相关器后面的基带解调器能从相关器输出的带有噪声的信号中,把所需要的信号检测出来。当干扰信号幅度达到某个值时,相关器输出的有用信号几乎全部淹没在噪声里,但只要干扰信号的功率在系统的干扰容限之内,该系统仍能有效地工作,解调器仍能产生可用的输出信号。当干扰信号电平在系统干扰容限时,相关器的输出受干扰的影响非常小,或者说相关器输出信号的质量(信噪比)完全能满足系统的要求。

扩频系统的主要特征之一是它们具有较强的抑制干扰的能力。下面我们来分析两种不同的干扰信号(窄带连续波干扰和宽带干扰)对直接序列系统的影响。

图 7-9 是直接序列相关器的工作模型。输入到相关器的信号为 $S+J+N_{SYS}$,S 代表直接序列信号,J 代表窄带连续波干扰和系统中其他地址信号的宽带干扰,N_{SYS} 为系统噪声,G_p 为系统的扩频处理增益,假设 $J \gg N_{SYS}$,则相关器的输出信扰比与输入信扰比之间的关系为

$$\left(\frac{S}{J}\right)_{out} = G_p \left(\frac{S}{J}\right)_{in} \tag{7-3}$$

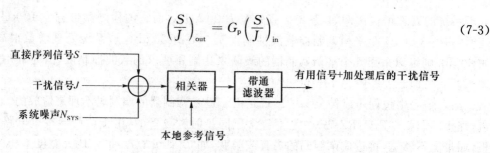

图 7-9 直接序列接收机模型

在相关处理过程中,由发射端送来的直接序列信号,由于与本地参考信号相关(扩频码及载波都是同步的),在相关处理过程中得到最大的相关峰值,相关器的输出是被基带信息信号调制了的中频信号,经窄带滤波器后输出到相应的解调器,恢复出发射端的原信息信号。在相关处理的过程中,输入到相关器的干扰信号 J 与本地参考信号相乘,从而变成宽带信号,它的大部分功率都落到窄带滤波器通带之外,能够通过窄带滤波器干扰信号的能量仅仅是输入干扰信号能量的一小部分。因而接收机有效地提取了有用信号、抑制了干扰。这个处理过程中的频谱变换关系如图 7-10 所示。于是本地参考信号的带宽 $B_W = 2R_c$ 和中频窄带滤波器带宽 B_{IF} 之比就是扩频接收机的处理增益,即

$$G_p \approx \frac{B_W(本地参考信号带宽)}{B_{IF}(中频滤波器带宽)} \tag{7-4}$$

因此干扰 J 经相关处理后中频滤波器输出的干扰信号的功率为 $J' = J/G_p$,中频滤波器的输出功率为

$$S + J' = S + \frac{J}{G_p} \tag{7-5}$$

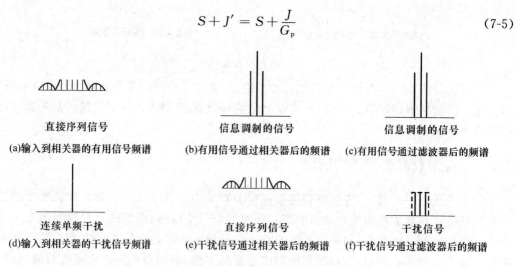

(a)输入到相关器的有用信号频谱   (b)有用信号通过相关器后的频谱   (c)有用信号通过滤波器后的频谱

(d)输入到相关器的干扰信号频谱   (e)干扰信号通过相关器后的频谱   (f)干扰信号通过滤波器后的频谱

图 7-10 直接序列相关器中各点的信号频谱

若系统的处理增益确定,则中频滤波器(带通型)的输出信噪比为

$$\left(\frac{S}{N}\right)_{out} = \frac{S}{J'} = \frac{S G_p}{J} \tag{7-6}$$

这就是相关器的输出通过滤波器送到接收机信息解调器或同步检测器的信噪比。

直接序列扩频系统对各种不同类型的干扰反应是有差别的。窄带连续波干扰 J 输入到相关器与本地参考扩频信号相乘,根据频域内卷积原理,干扰信号的功率谱被本地参考信

号扩展成为带宽等于本地参考信号带宽的信号,经中频滤波器滤除带外分量后,只有少量的干扰功率 J/G_p 能通过中频带通滤波器而输出。

若输入到相关器的是同一个通信网中的邻台干扰(即宽带干扰)信号,其干扰信号的功率等于 J,带宽为 $2R_c$,这种干扰信号与本地参考信号相乘,由频域内卷积定理,可以得到相关器输出的干扰信号功率谱被扩展为本地参考信号带宽的两倍(本地参考信号带宽+干扰信号带宽 $=2R_c+2R_c=4R_c$),从带通滤波器输出的噪声功率为 $J/(2G_p)$。与窄带干扰相比降低了 3 dB。由此可看出,对直接序列接收机而言,输入干扰信号功率一定时,其带宽越宽,对系统的影响就越小。所以 DS 系统对宽带干扰的反应不敏感,它的抗干扰能力为 $2G_p$。如果把连续波单频干扰认为是最窄的窄带干扰,而把宽带干扰的带宽上限定为参考信号带宽(这种假设是符合实际情况的),则相关器窄带带通滤波器输出的干扰信号功率在 3 dB 的范围内变化。

例如,一个功率为 J,带宽为 2 MHz 的干扰信号,输入到一个处理增益为 33 dB,本地参考信号带宽为 20 MHz 的直接序列系统时,相关器输出干扰信号的带宽为 22 MHz,窄带滤波器输出的干扰功率为

$$\frac{20}{20+2}\frac{J}{G_p}=\frac{1}{1.1}\frac{J}{G_p}=\frac{J}{1.1\times 2\,000}$$

如果干扰功率仍为 J,带宽为 20 MHz 的邻台干扰信号输入到同一接收系统时,则基带滤波器输出的干扰信号功率为

$$\frac{20}{20+20}\frac{J}{G_p}=\frac{1}{2}\frac{J}{G_p}=\frac{J}{2\times 2\,000}$$

直接序列系统的相关器除了以上讨论的问题之外,还有一个重要的问题,就是为了提高系统的抗干扰能力,直接序列系统使用的扩频码序列的码长不宜太短。如果使用的码序列太短,不仅使得系统的处理增益降低外,还会导致直接序列扩频接收机对某些频率的干扰信号特别敏感,并引起同步检测器的假同步,或在信息解调器中引起偏差。

我们知道,直接序列系统的相关器通常是由一个相乘器和积分器组成,设输入到相关器的干扰信号是 $g(t)$,本地参考码序列是 $c_r(t)$,则它们相关运算可以表示为

$$\int_0^\infty g(t)c_r(t-\tau)\mathrm{d}t=\psi_0 \tag{7-7}$$

积分器通常是低通滤波器,当 $c_r(t)$ 的码长足够长时,干扰信号 $g(t)$ 和本地参考信号 $c_r(t)$ 进行卷积运算,其理想输出 ψ_0 近似为 0,这是伪噪声编码积分的结果(当码序列的码长趋于无限大时,其相关函数近似为 0)。当 $c_r(t)$ 的码长太短时,式(7-7)中相关运算的结果不为 0,就出现了额外的相关包络。而这些额外的相关包络比有用信号的相关包络具有更高的峰值时,就使扩频码跟踪环路发生错锁,产生虚假的同步识别,或造成环路工作的不稳定。

7.2　基带解调(基带恢复)与载波同步

扩频信号经解扩(去掉扩频码调制)之后,剩下的问题就是从已被解扩了的带有信息的中频信号中,检测出发射端发送的基带数字信号。在扩频技术中,直接序列系统常用的解调器有锁相环调频反馈解调器、科思塔斯(Costas)环解调器等。直接序列系统接收机中基带

恢复过程是一个相干过程。因为接收机的本地参考信号必须是发送信号的准确估计;其次相干检测器比别的类型检测器有优良的阈值特性,因而直接序列系统中总是使用相干检测器。此外平方环也是常用的,它的优点是把双边带抑制载波信号经平方后产生二倍频的载波,便于载波提取,实现载波的跟踪与同步。平方环的性能与科思塔斯环等效,缺点是环路工作在二倍频后的频率上,工作频率较高,环路的稳定性能较差。

7.2.1 锁相环解调器原理

前面在相干通信基本概念的叙述中,从对信号相位相关处理的物理概念上引出的锁相环路,在噪声干扰条件下,从均方误差最小的角度来看,它是信号相位的最佳估计设备。理论分析已经表明,对相位估计的统计分析,最佳的估计设备必然导致为一个锁相环路。

在图 7-11 中,输入到锁相环解调器 a 点的信号为 $A\cos[2\pi f_0 t + \varphi(t)]$,与经锁相环锁定且同步了的压控振荡器(VCO)的输出信号 $2B\cos(2\pi f_0 t)$ 相乘,经过低通滤波器滤除高频分量,低通滤波器的输出为 $AB\cos\varphi(t)/2$。在二进制相移键控信号中,当 $\varphi(t) = 0$ 时,符号检测器输出 0 码;当 $\varphi(t) = \pi$ 时,符号检测器输出 1 码,这样就把基带数字信号恢复出来了。

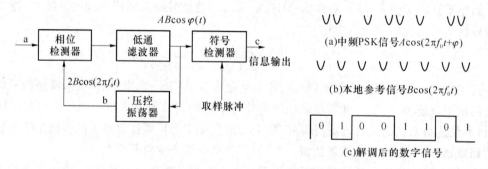

图 7-11 锁相环解调器解调已被解扩后的中频 PSK 信号的原理图及各点波形图

如果锁相环跟踪的是输入信号的频率而不是它的相位,图 7-11 就变成了一个调频解调器或 FSK 解调器,再稍加扩展就可构成一个相干调幅检测器。如图 7-12 所示,虚线上部为调频信号(或 FSK)解调器,虚线下部是有附加电路的输出振幅信号的解调器。当环路锁定时,输入信号与压控振荡器(VCO)信号相差 90°。在附加电路中,90°移相器把压控振荡器输出信号相移 90°后送到第二个鉴相器。经移相后的信号就与输入信号同相了,两个信号相乘的结果,在低通滤波器后的输出就是所要求的振幅信息 A;而未加附加电路的锁相环解调器从 P 点输出调频信息 $\varphi(t)$、解调振幅信息时,$\varphi(t)$ 为已知值;解调调频信息时,A 为已知值。

尽管在基带解调器之前的相关解扩过程中,相关器对输入到扩频接收机的各种干扰信号进行了处理,但解调器之前的中频滤波器是带通型的,落到通带内的噪声和干扰信号的部分分量,必然要进入到解调器中,环路在有干扰条件下能否完成最佳解调任务,取决于锁相环路的参数和部件的设计。

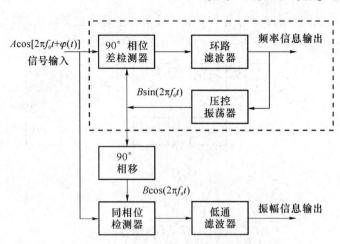

图 7-12 调频信号锁相环路解调器和振幅相干解调原理图

7.2.2 平方环解调器

在直接序列系统中,扩频调制方式是用抑制载波的双平衡调制器产生二相相移键控信号。对于二相相移键控信号,不管是绝对相移还是差分相移(DPSK),其载波分量都被抑制了几十分贝。通常,直接序列扩频信号的谱密度很低,和大气噪声或接收机内部噪声相差不大,有用信号淹没在噪声中,而在直接序列扩频信号中载波又被进行了很大的抑制,因而用一般的锁相环是难于提取载波的。

要获得相干的参考信号,应将输入的二相相移键控信号进行非线性变换,产生离散的载波频率分量,再用窄带滤波器将载波分量提取出来。一种常用的非线性变换方法是将输入信号平方或全波整流,产生二倍频分量,然后输入到鉴相器,让锁相环路跟踪二倍频的载波。被跟踪的二倍频载波经二分频并相移 $90°$,再与输入信号相乘就可解调出信息信号了。这种解调方式就称为平方环解调,而这样的锁相环路称为平方环,其原理方框图如图 7-13 所示。

二分频后的信号可能出现两个相位,即调相信号的相位模糊,这对解调差分码并没有影响,因为差分码与初相无关,只与相邻码的相位是否发生变化有关。如果需要产生绝对相移的参考信号,则应将二分频后的两个状态加以分辨。例如,可以规定一组编码信号,根据对解调出的编码信号的极性,来判断参考信号的相位是否正确,若极性与规定相反,应将二分频后的信号相位变化 $180°$,这可以通过对二分频器添加或减少一个输入脉冲来实现。

这种环路的特点在于输入噪声与信号一起经过非线性变换后,产生的相位噪声谱密度不同于一般环路。环路参数的选择应结合数字通信的特点。下面先计算环路的相位抖动。

二相键控信号可以看成是幅度为 $\pm A$ 的正弦波,对应于二进制信号

$$\text{对 PSK} \begin{cases} A\sin 2\pi f_0 t, & \text{“0”码时} \\ A\sin(2\pi f_0 t + \pi), & \text{“1”码时} \end{cases}$$

$$\text{对 DPSK} \begin{cases} \text{相位不变,} & \text{“1”码时} \\ \text{反相,} & \text{“0”码时} \end{cases} \quad (0\,\text{差分})$$

$$\text{或对 DPSK} \begin{cases} \text{相位不变,} & \text{“0”码时} \\ \text{反相,} & \text{“1”码时} \end{cases} \quad (1\,\text{差分})$$

输入滤波器(带通)对噪声而言是个窄带滤波器。于是滤波器输出端 U 点的信号为

$$U(t) = Ac_1(t)\cos(2\pi f_0 t + \varphi_0) + n_c(t)\cos(2\pi f_0 t + \varphi_0) + n_s(t)\sin(2\pi f_0 t + \varphi_0) \quad (7\text{-}8)$$

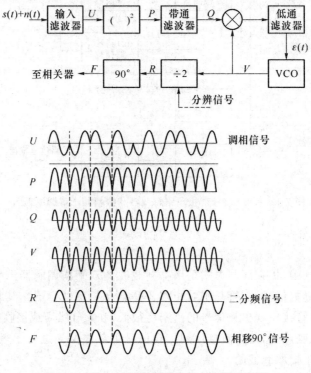

图 7-13 平方环原理框图及各点波形示意图

式中,$c_1(t)$ 为复合数字信号(对扩频系统而言是信息码与伪码波形相乘的复合码)波形,幅度取 ± 1,波形为经滤波后的归一化波形;φ_0 为信号的初始相位,它是一个慢变化量;$n_c(t)$ 为低频窄带噪声 $n(t)$ 的同相分量;$n_s(t)$ 为低频窄带噪声 $n(t)$ 的正交分量。

式(7-8)经平方后在 P 点的信号为

$$P(t) = U^2(t)$$

$$= \frac{1}{2}\left[Ac_1(t) + n_c(t)\right]^2\left[1 + \cos(2\pi \cdot 2f_0 t + 2\varphi_0)\right] +$$

$$\frac{1}{2}n_s^2(t)\left[1 - \cos(2\pi \cdot 2f_0 t + 2\varphi_0)\right] +$$

$$\left[Ac_1(t) + n_c(t)\right]n_s(t)\sin(2\pi \cdot 2f_0 t + 2\varphi_0) \quad (7\text{-}9)$$

再经带通滤波器将直流分量滤除,只取二倍频分量,得 Q 点的输出为

$$Q(t) = \left[\frac{1}{2}A^2 c_1^2(t) + Ac_1(t)n_c(t) + \frac{1}{2}n_c^2(t) - \frac{1}{2}n_s^2(t)\right]\cos(2\pi \cdot 2f_0 t + 2\varphi_0) +$$

$$\left[Ac_1(t) + n_c(t)\right]n_s(t)\sin(2\pi \cdot 2f_0 t + 2\varphi_0) \quad (7\text{-}10)$$

当环路锁定时,压控振荡器的输出为

$$V(t) = 2\sin(2\pi \cdot 2f_0 t + 2\varphi_r) \quad (7\text{-}11)$$

式中,$2\varphi_r$ 为压控振荡器输出信号的相位,包括相位抖动在内。将 $Q(t)$ 与 $V(t)$ 相乘,可得直流误差电压如下(假定乘法器的增益为 1,这不影响相位抖动的计算):

$$e_d(t) = \frac{A^2}{2} c_1^2(t) \sin 2(\varphi_r - \varphi_0) + \left[\frac{n_c^2(t)}{2} - \frac{n_s^2(t)}{2} + A c_1(t) n_s(t) \right] \sin 2(\varphi_r - \varphi_0) +$$

$$\left[A c_1(t) n_s(t) + n_c(t) n_s(t) \right] \cos 2(\varphi_r - \varphi_0)$$

$$= \frac{A^2 c_1^2(t)}{2} \left\{ \sin 2(\varphi_r - \varphi_0) + \frac{2}{A^2 c_1^2(t)} \left[\frac{n_c^2(t)}{2} - \frac{n_s^2(t)}{2} + A c_1(t) n_s(t) \right] \sin 2(\varphi_r - \varphi_0) +$$

$$\frac{2}{A^2 c_1^2(t)} \left[A c_1(t) n_s(t) + n_c(t) n_s(t) \right] \cos 2(\varphi_r - \varphi_0) \right\} \tag{7-12}$$

输入滤波器一般让信号能量的绝大部分通过,由于 $c_1^2(t) = d^2(t) c^2(t) = 1$,则式(7-12)第一项为

$$\varepsilon(t) = \frac{1}{2} A^2(t) \sin 2(\varphi_r - \varphi_0) \tag{7-13}$$

为环路误差控制电压,而其他项中都包含有噪声分量,造成输出信号相位的抖动。根据计算一般环路相位抖动的办法,先考虑大信噪比条件下的相位噪声。由于 $\varphi_r - \varphi_0$ 实质上与当时的输入噪声独立,并且在环路增益很高时,$\varphi_r - \varphi_0 \approx 0$,可由式(7-12)得相位噪声 $\varphi_n(t)$ 为

$$\varphi_n(t) = \frac{2}{A^2} \left[A c_1(t) n_s(t) + n_c(t) n_s(t) \right] \tag{7-14}$$

由此可见,经过非线性器件后,输出相位噪声包括两部分:噪声 $n_c(t)$ 和噪声 $n_s(t)$ 的乘积项,信号 $A c_1(t)$ 和噪声 $n_s(t)$ 的乘积项,它们的频谱不再是均匀的了。这个输出相位噪声频谱可由式(7-14)推导出。设输入滤波器的白噪声功率谱密度为 N_0,滤波器的等效低通频率特性为 $F(f)$,那么 $n_c(t)$ 和 $n_s(t)$ 的功率谱密度为 $N_0 |F(f)|^2$。由于 $c_1(t)$ 和 $n_c(t)$、$n_s(t)$ 相互独立,式(7-14)右边第一项的功率谱密度可由 $c_1(t)$ 的功率谱与 $n_s(t)$ 的功率谱求卷积得到

$$A^2 N_0 \int_{-\infty}^{\infty} S_{c_1}(y) |F(f-y)|^2 \mathrm{d}y \tag{7-15}$$

式中,$S_{c_1}(f)$ 为 $c_1(t)$ 的谱密度,第二项 $n_c(t)$、$n_s(t)$ 的功率谱可以类似地作卷积:

$$N_0^2 \int_{-\infty}^{\infty} |F(y)|^2 |F(f-y)|^2 \mathrm{d}y \tag{7-16}$$

一般环路等效噪声带宽 B_n 比输入滤波器带宽 B_i 及码速率 R_c 窄很多。可以近似地认为在环路带宽内相位噪声的谱密度是均匀的,并等于零频处的密度值。由式(7-14)、式(7-15)和式(7-16)得到环路相位噪声的功率谱密度为

$$S_{\varphi_n}(f) = \frac{1}{P_s^2} \left[4 P_s N_0 \int_{-\infty}^{\infty} S_{c_1}(f) |F(f)|^2 \mathrm{d}f + N_0^2 \int_{-\infty}^{\infty} |F(f)|^4 \mathrm{d}f \right] \tag{7-17}$$

式中,$P_s = A^2/2$ 为信号功率。

下面对两种典型输入滤波的特性计算其相位噪声,假定信号通过滤波器的损耗忽略不计。若采用带宽为 B_i 的矩形输入滤波器,则

$$S_{\varphi_n} = \frac{4 N_0}{P_s} \left(1 + N_0 \frac{B_i}{2 P_s} \right) \tag{7-18}$$

对单调谐回路滤波器,其等效低频特性为

$$|F(f)|^2 = \frac{\beta^2}{(2\pi f)^2 + \beta^2} \tag{7-19}$$

这种滤波器的 3 dB 带宽为

$$B_i = \frac{\beta}{\pi} \tag{7-20}$$

由式(7-17)可得出相位噪声单边功率谱密度为

$$S_{\varphi_n} = \frac{4N_0}{P_s}\left(1 + N_0\frac{B_i}{16P_s}(\pi+2)\right) \tag{7-21}$$

比较式(7-18)和式(7-21)可见输入滤波器带宽对相位噪声功率谱密度有影响。如果考虑到输入滤波器对信号的作用,则通过滤波器后的信号功率为 $K_r^2A^2$,而

$$K_r^2 = \frac{\int_0^\infty \left(\frac{\sin \pi fT_b}{\pi fT_b}\right)^2|F(f)|^2\mathrm{d}f}{\int_0^\infty \left(\frac{\sin \pi fT_b}{\pi fT_b}\right)^2\mathrm{d}f} \tag{7-22}$$

式中,T_b 为调制信号的码元宽度,码速率为 $R_b=1/T_b$。近似地将以上有关公式中的 P_s 换成 $K_r^2P_s$(或 K_r^2E),平方环锁定在信号载波的二倍频上的相位抖动的均方值对矩形滤波器为

$$\sigma_{2\varphi_n}^2 = \frac{4aN_0}{K_r^2E}\left(1 + \frac{bN_0}{K_r^2E}\right) \tag{7-23}$$

单回路滤波器为

$$\sigma_{2\varphi_n}^2 = \frac{4aN_0}{K_r^2E}\left(1 + \frac{b\pi N_0}{4K_r^2E}\right) \tag{7-24}$$

式中,$a=B_nT_b$ 为环路带宽与码速率 $R_b=1/T_b$ 之比;$b=B_iT_b/2$ 为输入 3 dB 带宽的一半与码速率 $R_b=1/T_b$ 之比。一般可取 $B_i=(2\sim4)\frac{1}{T_b}$,若 B_i 取得太大,则增加了噪声交叉项的作用,使非线性变换后的噪声谱密度加大;若 B_i 取得太小,则信号通过滤波器能量损失太大(或引起调制信号波形的失真),也会加大相位噪声。当 $b=\frac{B_iT_b}{2}=1$ 时,矩形滤波器的 $K_r^2=0.91$,单回路滤波器的 $K_r^2=0.84$。若取 $b=2$,两者分别约为 0.95 和 0.92,表 7-1 为信噪比 $E_b/N_0=10$ dB,$a=0.05$ 时,不同输入滤波器提供的环路单边带宽内的信噪比 α_L 的值。α_L 是按单边等效噪声带宽定义的环内信噪比,即

$$\alpha_L = \frac{P_s}{N_0B_n} \tag{7-25}$$

由此可见,在常用的 E_b/N_0 值范围内,环路的信噪比和相位抖动对输入滤波器的形式并不敏感。从提取载波参考信号的角度来看,没有必要花很大的工夫去做矩形系数良好的输入滤波器。

表 7-1　平方环路的环内信噪比

3 dB 带宽	矩形滤波器	单回路滤波器
$\frac{2}{T_b}$	16.13 dB	15.84 dB
$\frac{4}{T_b}$	15.94 dB	15.95 dB

二分频后提供给相干解调器参考信号的相位抖动是环路相位抖动的 1/2。所以,

$$\sigma_\varphi^2 = \left(\frac{\sigma_{2\varphi}}{2}\right)^2 = \frac{1}{4}\sigma_{2\varphi}^2 = \frac{1}{4\alpha_L} \tag{7-26}$$

上面计算的相位抖动当信噪比较大时才是准确的。在一般情况下,在任意信噪比时,我

们对环路相位误差的概率分布感兴趣。这里借用一阶环路相位误差的概率密度

$$p(\psi) = \frac{\exp(\alpha_L \cos \psi)}{2\pi I_0(\alpha_L)}, \qquad |\psi| \leqslant \pi \tag{7-27}$$

式中，$\psi = 2\varphi$。参考相位误差的概率密度可将式(7-27)用雅可比(Jacobi)变换得到

$$p(\varphi) = \frac{\exp(\alpha_L \cos \varphi)}{\pi I_0(\alpha_L)}, \qquad |\varphi| \leqslant \frac{\pi}{2} \tag{7-28}$$

式中，$I_0(\alpha_L)$ 是环路单边带宽内信噪比 α_L 的零阶贝塞尔函数。

由式(7-26)看出：由于噪声的存在，使得提供给相干解调器参考信号的相位发生抖动，相干解调器的相干性不理想，信号能量没有充分利用，误码率增加。为使误码率不增加很多，平方环内的信噪比应在 10~20 dB 之间。

7.2.3　科斯塔斯环解调器

科斯塔斯(Costas)环是用来解调双边带抑制载波信号的，也是二相或四相移相键控信号解调的专用环路，如果使用码反转调制，则它是一种最好的选择方案。科斯塔斯环的工作频率就是载波频率。

科斯塔斯环的基本结构如图 7-14 所示，它类似图 7-12 那样有附加电路的普通锁相环，而且在某些方面这两者确实一样，压控振荡器(VCO)也用来产生载波参考信号，输入信号与参考信号的同相信号及正交(相移 90°)信号分别相乘，两相乘器的输出经低通滤波器输出。它们的差别在于增加了第三个相乘器，而两路低通滤波器的输出都加到第三个相乘器上，它的输出经环路滤波后作为环路的误差信号去控制环路的压控振荡器。

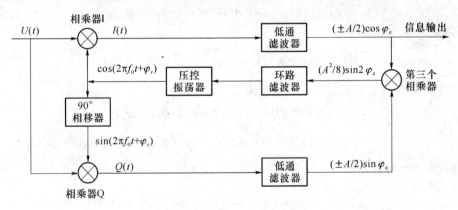

图 7-14　科斯塔斯环解调器

先不考虑噪声时，环路已经处于锁定状态下，输入到环路的双相调制信号 $\pm A\cos(2\pi f_0 t + \varphi_0)$ 同时加到 I 和 Q 两个相乘器，它们分别和环路 VCO 产生的 $\cos(2\pi f_0 t + \varphi_r)$ 和 $\sin(2\pi f_0 t + \varphi_r)$ 相乘，则这两个鉴相器(相乘器)的输出如下。

I 路鉴相器的输出为

$$I(t) = \pm \frac{A}{2} \left[\cos \varphi_e + \cos(2\pi \cdot 2f_0 t + \varphi_0 + \varphi_r) \right] \tag{7-29}$$

Q 路鉴相器的输出为

$$Q(t) = \pm \frac{A}{2} \left[\sin \varphi_e + \sin(2\pi \cdot 2f_0 t + \varphi_0 + \varphi_r) \right] \tag{7-30}$$

式中，$\varphi_e = \varphi_r - \varphi_0$。当它们通过低通滤波器滤除高频分量后，就变为 $\pm A\cos \varphi_e / 2$ 和 $\pm A\sin \varphi_e / 2$。这两个包含相移键控信息（$\pm A$）和载波相位（φ_0）的信号再加到第三个相乘器相乘就得到 $A^2 \sin(2\varphi_e)]/8$，再经过环路滤波器滤波之后，这个信号就用来校正环路 VCO 的振荡频率和相位，使它跟踪输入的载波（实际上输入信号中没有载波信号的分量，科斯塔斯环解调器的目的正是用于解调双边带抑制载波信号）。

调制信息（$\pm A$）由环路内低通滤波器输出端得到。I 路滤波器的输出为 $\pm A\cos \varphi_e / 2$，当 φ_e 很小时，输出约等于 $\pm A/2$，而 $\pm A/2$ 就是所要的二进制信号。要着重指出的是，这时环路不知道，也无法知道哪个是 1 码，哪个是 0 码。因此必须使用本身不会模糊的 DPSK 调制方式或确定极性比特字传输的调制方式。科斯塔斯环性能超过一般锁相环的主要优点是它能够解调移相键控信号和抑制了载波的双边带调幅信号。

科斯塔斯环又称"I-Q"环，它在噪声性能上与平方环完全等效，为说明这一点，我们采用与平方环一样的分析方法。在考虑噪声对环路影响时，我们假设输入到环路的信号为

$$s(t) = Ac_1(t)\cos(2\pi f_0 t + \varphi_0) \tag{7-31}$$

加性窄带噪声为

$$n(t) = n_c(t)\cos(2\pi f_0 t + \varphi_0) + n_s(t)\sin(2\pi f_0 t + \varphi_0) \tag{7-32}$$

在 $s(t) + n(t)$ 的作用下，图 7-14 中，相乘器 I 的输出为 Z_I，经低通滤波后为 U_I；相乘器 Q 的输出为 Z_Q，经低通滤波后输出的 U_Q。U_I 与 U_Q 在第三个相乘器相乘输出为 $e_d(t)$。如同平方环一样的分析方法，I 路鉴相器的输出为

$$Z_I(t) = \left[s(t) + n(t) \right] \cos(2\pi f_0 t + \varphi_r) \tag{7-33}$$

I 路低通滤波器的输出为

$$U_I(t) = \frac{1}{2} \left[Ac_1(t) + n_c(t) \right] \cos(\varphi_r - \varphi_0) - \frac{1}{2} n_s(t) \sin(\varphi_r - \varphi_0) \tag{7-34}$$

同理 Q 路鉴相器和低通滤波器的输出分别为

$$Z_Q(t) = \left[s(t) + n(t) \right] \sin(2\pi f_0 t + \varphi_r) \tag{7-35}$$

$$U_Q(t) = \frac{1}{2} \left[Ac_1(t) + n_c(t) \right] \sin(\varphi_r - \varphi_0) + \frac{1}{2} n_s(t) \cos(\varphi_r - \varphi_0) \tag{7-36}$$

第三个乘法器输出为

$$e_d(t) = \frac{1}{8} \left[Ac_1(t) + n_c(t) \right]^2 \sin 2(\varphi_r - \varphi_0) - \frac{1}{8} n_s^2(t) \sin 2(\varphi_r - \varphi_0) +$$

$$\frac{1}{4} n_s(t) \left[Ac_1(t) + n_c(t) \right] \cos 2(\varphi_r - \varphi_0) \tag{7-37}$$

式（7-37）经整理合并可化为与平方环路中鉴相器输出低频误差电压的公式（7-12）完全一样的形式。只要"I-Q"环采用的低通滤波器特性相当于平方环输入滤波器的低通特性，则这两种环路完全等效。把平方环的矩形输入滤波器换成"I-Q"的 RC 低通滤波器来实现，把平方环相位噪声谱密度的式（7-18）中的 $B_i/2$ 换成 RC 低通滤波器 3 dB 带宽，就可以得到"I-Q"环的相位噪声的功率谱密度。

平方环和"I-Q"环都存在 $180°$ 相差的模糊问题（即前面所说它无法区别哪个是 1 码，哪个是 0 码的问题）。这对解调 DPSK 信号没有影响。模糊问题也可在式（7-13）中看出来：鉴

相输出 $e_d(t)$ 特性与 $2(\varphi_r - \varphi_0)$ 有关,对相位误差 $\varphi_e = \varphi_r - \varphi_0$ 而言,鉴相特性曲线在 $-\pi/2 \sim +\pi/2$ 间(而不是 $-\pi \sim +\pi/2$)有周期性,大约 $\varphi_e = \varphi_r - \varphi_0$ 超过 $\pm\pi/4$ 时将在别的稳定点上锁定,因此希望 φ_e 小于 $\pm\pi/4$。为了减小噪声相位抖动,环路带宽应远远小于码比特速率,但应满足捕获时的要求。

7.2.4 载波抑制度不足对载波同步的影响

前已所述,在直接序列系统中,当载波抑制度不足时,对于发射机而言,输出信号中总存在载波分量,一方面无用的载波分量要浪费一部分宝贵的输出功率,另一方面直接序列信号中时刻存在着的载波分量使直接序列系统的信号隐蔽性大大降低;对于接收机而言,未被抑制的载波分量作为干扰信号进入接收机,一方面降低接收机抵抗干扰的能力,另一方面造成载波提取的困难,下面我们以平方环提取载波为例来说明这一问题。

我们讨论 BPSK 信号的振幅和残留载波的振幅相差不是很大的情况。假设进入平方环路(如图 7-13 所示)的信号除了有用的 BPSK 信号外,还包含有残留的载波分量。BPSK 信号可表示为

$$f_1(t) = A\cos[2\pi f_0 t + \varphi_1(t) + \varphi_0] \tag{7-38}$$

式中,A 为 BPSK 信号的振幅;f_0 为载波频率;$\varphi_1(t)$ 为 BPSK 信号的相位,取值为 0 或 π;φ_0 为 BPSK 信号的初相位。

残留载波信号可表示为

$$f_2(t) = B\cos(2\pi f_0 t + \varphi_0) \tag{7-39}$$

式中,B 为残留载波信号的振幅。

进入平方环路的信号为

$$\begin{aligned} U(t) &= f_1(t) + f_2(t) \\ &= A\cos[2\pi f_0 t + \varphi_1(t) + \varphi_0] + B\cos(2\pi f_0 t + \varphi_0) \end{aligned} \tag{7-40}$$

经过平方电路后,由于 $2\varphi(t) = 0 (\mathrm{mod}\, 2\pi)$,$P$ 点的信号为

$$\begin{aligned} P(t) &= U^2(t) \\ &= \frac{1}{2}(A^2 + B^2) + AB\cos\varphi_1(t) + \\ &\quad \frac{1}{2}(A^2 + B^2)\cos(2\pi \cdot 2f_0 t + 2\varphi_0) + AB\cos[2\pi \cdot 2f_0 t + \varphi_1(t) + 2\varphi_0] \end{aligned}$$

$$\tag{7-41}$$

式(7-41)中的第一项是直流分量,第二项为缓变量(信息分量),这两项被其后的带通滤波器滤除,第三项是我们期望的载波 2 倍频分量,对提取载波影响最大的是第四项。第四项是一载波被抑制的 BPSK 信号,载波的频率为 $2f_0$。这就是说,含有残留载波的 BPSK 信号经过平方电路后,所得到的结果并不像我们期望的那样在 $2f_0$ 处仅仅是一单频正弦波,而仍然是一含有残留载波的 BPSK 信号,只不过载波频率被提高了。该信号通过中心频率为 $2f_0$ 的窄带带通滤波器后,载波频率 $2f_0$ 附近的边频(信息信号)分量落在了滤波器的通带之内,使得 VCO 的频率错锁在这些边频上,只有当

$$\frac{1}{2}(A^2 + B^2) \gg AB \tag{7-42}$$

即$(A-B) \gg 0$成立时,式(7-41)中的第四项可以忽略,也就是说,只有当残留载波的功率$(B^2/2)$远远小于有用信号的功率$(A^2/2)$时,VCO才不会错锁在边频上。当然此时由残留载波产生的第四项同样要进入环路内,造成的影响是使得环路内的噪声增加,引起VCO输出信号的相位抖动加大。

7.3 基带信号的同步

在扩频通信系统中,同步问题是一个很重要的问题,可以这样说,同步问题直接决定了扩频通信系统的成败。

在数字通信系统中同步包含的内容是:码速率同步即码位同步(或码时钟同步、码元同步);码字同步(或帧同步、群同步)。所谓码元同步是指在接收端产生一个与接收到码元的重复频率和相位一致的定时脉冲,即同步时钟。另外,为了还原每组信息,还需要准确的码字同步。例如,在对收到的码序列 $a_{i1}, a_{i2}, \cdots, a_{in}, a_{i(n+1)}, a_{i(n+2)}, \cdots, a_{i2n}, \cdots$,进行分组译码运算时,就要有准确的字同步信号,在字同步的控制下,恰好把 $a_{i1}, a_{i2}, \cdots, a_{in}$ 分为一组,而把 $a_{i(n+1)}, a_{i(n+2)}, \cdots, a_{i2n}$ 分为另一组。否则,如果字同步不准确,就可能把组分错。比如,把 $a_{i2}, \cdots, a_{in}, a_{i(n+1)}$ 分为一组,这样就不可能正确地译码了。

在相关解调中,除了上述这些同步外,还要求本地载波信号与输入信号载波同频同相。例如,图7-15所示的相关检测器就要求有准确载波同步和码位同步。

图7-15中码位同步的作用就是在 $t=T$(T 为码元宽度)的瞬间对积分器的输出电压取样,从而获得最大信噪比。如果取样时间不准确,例如,在 $0 < t < T$ 的时间取样,就得不到最大的信号输出,会牺牲信噪比,降低检测性能;如果在 $t > T$ 时刻取样,就会发生错误,因为这时所取的样值已不是该时刻码元的样值,而是下一时刻码元的样值了。

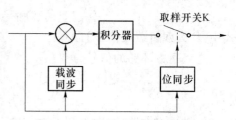

图 7-15 相关检测器的同步要求

特别是在用匹配滤波器来实现相关检测时,对码元同步的要求更加严格,这是因为匹配滤波器输出信号的形式与上述典型相关器不同。相关器的积分输出,如图7-16(a)所示;而匹配滤波器的输出是一个振荡信号,如图7-16(b)所示。

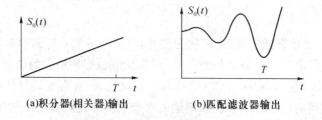

(a)积分器(相关器)输出　　　　(b)匹配滤波器输出

图 7-16 两种相关器的输出

在匹配滤波器的情况下,取样时刻的误差不仅会降低输出信号的幅度,而且还可能改变输出信号的极性。可见匹配滤波器的输出信噪比对于取样时刻的误差(即对码元同步的误差)是十分敏感的。

在编码通信中,检测器不是逐个码元进行判决,而是按码组来进行判决的,这时就需要码组的同步(即字同步)。这在伪噪声编码扩频通信中,是个必不可少的前提。

在扩频码分多址通信中,常常使用超长码截短来传送信息流,以提高通信系统的保密性和抗侦破能力,为缩短同步捕获时间,要在超长码的截短序列中加入同步报头(或同步分帧)。在实现码分多址时,要求有地址同步信号,载有信息流的超长码的截短序列按一定的帧结构组织起来。接收端复制出与发送端相同的按帧结构组织起来的群(帧)信号。为了准确同步,就要有一个准确的标志,表示一帧的起始时刻。根据这个帧的起始标志,才能准确区分地址码及载有信息的码。完成这种帧起始功能的就是帧同步,又称为群同步。

7.3.1 码字同步

码字同步就是前面所说的帧同步或群同步。在一般数字通信中,实现码字的同步方法很多,大致可以分为如下几种。

(1) 独立信道同步法

这个方法是利用一个专门的信道来传送同步信号,这个信道和传送信息码的信道是互相独立的两个不同的信道,接收端根据同步信道提供的同步信息(起始时间),就可以解译主信道的信息了。这种方法在直接序列系统中不能使用,只能在频率跳变系统中使用。因为它要占用专门的频道,在频率跳变系统中可提供使用的频道数 N 中,专门占用一些跳变频率来传送同步信号,这从提高频率跳变系统抗干扰能力的角度来说是不合算的。

(2) 插入特殊码字同步法

这是用一组特殊的码字来代表同步信息,然后,把这个码字周期性地插入编码数字信息序列里。接收方根据同步码字的特点进行识别,就得到了码字同步信息。在这里,重要的是同步码字结构要相当独特,使信息编码码字序列中很难出现假同步码字。目前用得最多的一种同步码字是广义伪噪声码,如利用具有优良相关特性的巴克码序列作为同步字头。

在发射端,按照预定的帧格式,在同步器的控制下,把码字发生器产生的特殊码字插入信息数字序列中,合成一个均匀的数字信号序列。在接收端,利用码字识别器选出特殊的码字,从而获得字同步信息。

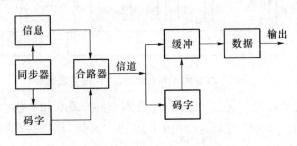

图 7-17　利用特殊码字的同步方法

这种方法的一个关键问题,是要求选用的特殊码字确实具有足够的独特性,以免数字信号中由于随机组合而出现与之相同的假同步码字。这实际上是要求选用的特殊码字具有很优良的相关特性,只有当码字本身出现时,码字识别器(相关器)的输出最大,而在其他任何情况下,码字识别器输出都是 0 或接近于 0。伪随机编码信号就可以很好地满足这一要求。

另一方面,码字同步信号必然要占用一部分传输信息的时间,使信息传输的效率降低,为了尽量减少这种损失,又希望选择的特殊码字尽可能短。

显然这两方面的要求是有矛盾的。为了避免产生假同步,总希望独特码字长一些。以便于找到足够独特的码型;为了提高信息传输效率,又希望码字短一些。兼顾这两方面的要求,应当找具有优良相关特性的短码作为同步码字。在广义伪噪声码中,巴克码是一种既短又独特的码。巴克码是一种非周期的伪噪声码,现在已经发现的巴克码有下列几种:

2 位长:1 1

3 位长:+1 +1 −1

4 位长:+1 +1 +1 −1, +1 +1 −1 +1

5 位长:+1 +1 +1 −1 +1

7 位长:+1 +1 +1 −1 −1 +1 −1

11 位长:+1 +1 +1 −1 −1 −1 +1 −1 −1 +1 −1

13 位长:+1 +1 +1 +1 +1 −1 −1 +1 +1 −1 +1 −1 +1

如果用 a_i 来表示巴克码序列中的第 i 位码元,N 位长的巴克码序列的自相关函数为

$$R(k) = \sum_{i=1}^{N-k} a_i a_{i+k}$$

$$= \begin{cases} N, & k = 0 \\ 0, \pm 1, & k = 1, 2, \cdots, N-1 \\ 0, & k \geqslant N \end{cases} \tag{7-43}$$

一般 $k = 1, 3, 5, \cdots$ 时,$R(k) = 0$;$k = 2, 4, 6, \cdots$ 时,$R(k) = \pm 1$。

巴克码序列的识别器就是一种相关器,有时也叫巴克码序列匹配滤波器。例如,对于 $N = 7$ 的巴克码序列 +1+1+1−1−1+1−1,它的识别器就是长为 $2^3 − 1 = 7$ 的一种 m 序列(也正好是巴克码序列)的匹配滤波器,如图 7-18 所示。

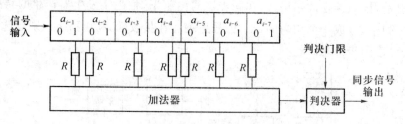

图 7-18　巴克码序列匹配滤波器(码字识别器)

图 7-18 中,巴克码序列码元的 +1 和 −1 分别变换为取 0 和 1 的二进制数字信号,即将 +1 +1 +1 −1 −1 +1 −1 变换为 0 0 0 1 1 0 1。因此,移位寄存器的第 5、6、7 级 a_{i-5}、a_{i-6}、a_{i-7} 存入"0"时输出为 1,存入"1"时输出为 0;第 3、4 级 a_{i-3}、a_{i-4} 存入"1"时输出为 1,存入"0"时输出为 0;第 2 级 a_{i-2} 存入"0"时输出为 1,存入"1"时输出为 0;第 1 级 a_{i-1} 存入"1"时输出为 1,存入"0"时输出为 0。码字识别器中加法器的输出端得到最大输出的情况发生在第 1、3、4 级存入"1"而第 2、5、6、7 级存入"0"时,$R(0) = 7$。在其他情况下,加法器的输出可能出现的值如表 7-2 所示。

表 7-2 巴克码序列识别器的输出

进入寄存器的码元数	0	1	2	3	4	5	6	7
加法器可能的最大输出	7	6	6	5	5	4	4	7
加法器可能的最小输出	0	0	1	1	2	2	3	7
输出最大值的概率	$\frac{1}{128}$	$\frac{1}{64}$	$\frac{1}{32}$	$\frac{1}{16}$	$\frac{1}{8}$	$\frac{1}{4}$	$\frac{1}{2}$	1

由表 7-2 中可见，当同步码字全部进入移位寄存器时，码字识别器中加法器的输出给出最大(7 单位)值，如果码字没有完全进入移位寄存器，加法器的输出总是小于最大值。根据这个特点，就可以作如下的规定：当码字识别器中加法器的输出给出最大值时，就认为同步码字已经全部进入移位寄存器，在此之后，就将出现信息码组了。也就是说，根据码字识别器中加法器的输出是否给出了最大值，就可以判定信息码组是否将要开始，而在多数场合，就可以由此判定信息帧起始时间是否已经达到。

还有一种情况值得注意：当同步码字未全部进入移位寄存器时，也存在假同步的可能。即在 7 位移位寄存器上，由于随机噪声或由于信息数字码元的随机组合，恰巧出现与同步码字完全相同的形式，因而码字识别器中加法器会产生 7 单位的最大输出值，形成假的同步标记。显然，这种假同步出现的概率与特殊码字的长度 N 有关，N 越大，假同步概率就越小。不难证明假同步的概率为

$$P_{ef} = \left(\frac{1}{2}\right)^N = \frac{1}{2^N} \tag{7-44}$$

为了减少假同步概率 P_{ef}，就要选用较长的伪随机码序列来作同步码字，因为增加字长可以降低假同步概率。比如 $N=7$ 时，

$$P_{ef} = 1/2^7 = 1/128 \approx 7.8 \times 10^{-3}$$

若当 $N=13$ 时，就有

$$P_{ef} = 1/2^{13} = 1/8\ 192 \approx 1.2 \times 10^{-4}$$

另一方面，如果在传输过程中，由于信道噪声和干扰的存在，使码字产生了错误，那么，除了可能产生假同步现象之外，也会发生另一种问题：同步的漏失。这就是虽然同步码字已经全部进入移位寄存器，但是由于其中某个码元或某些码元发生了差错，使得匹配滤波器的加法器不能给出最大的输出，以致丢失一个字同步标记。很明显，漏同步的发生概率与传输错误概率有关，也与匹配滤波器输出端判决器的门限值有关。一般来说，传输错误概率越大，漏同步概率也越大；判决门限值越高，漏同步概率也越大。比如，传输错误概率为 P_e，判决门限值为 N 单位(加法器最大可能的输出值)，则漏同步的概率 P_{ep} 为

$$P_{ep} = \sum_{i=1}^{N} \binom{N}{i} P_e^i (1-P_e)^{N-i} \tag{7-45}$$

当 $P_e=0$ 时，$P_{ep}=0$；当 $P_e \ll 1$ 时，$P_{ep} \approx NP_e$。如果降低判决门限值，令它等于 $N-1$，则在这种条件下漏同步概率将为

$$P_{ep} = \sum_{i=2}^{N} \binom{N}{i} P_e^i (1-P_e)^{N-i} \tag{7-46}$$

式(7-46)的意思是：当同步码字全部进入移位寄存器，而码字中有一个码元发生错误

时,识别器中加法器的输出值将等于 $N-1$ 单位,这时由于判决门限值为 $N-1$,判决器仍有输出,不会丢失这个字同步标记。但若码字中有 2 位或 2 位以上码元发生错误时,识别器输出必然小于 $N-1$,低于门限判决值,因而判决器无输出,就会丢失一个字同步标记。当然门限值变了,假同步的概率也将随之而变。比如,当门限值取为 $N-1$ 单位时,假同步概率将为

$$P_{\text{ef}} = \left(\frac{1}{2}\right)^N + N\left(\frac{1}{2}\right)^{N-1} \tag{7-47}$$

一般如果门限判决值选定为 $N-\varepsilon$,即允许在 N 位长的同步码字中有 ε 或 ε 以下个错误的码元;如果信道传输错误概率等于 P_{e},而判决规则是当识别器中加法器输出等于或大于门限值 $N-\varepsilon$ 时,就有输出,反之则无输出,那么假同步概率应为

$$P_{\text{ef}} = \sum_{i=0}^{\varepsilon} \begin{bmatrix} N \\ i \end{bmatrix} \left(\frac{1}{2}\right)^{N-1} \tag{7-48}$$

漏同步概率为

$$P_{\text{ep}} = \sum_{i=\varepsilon+1}^{N} \begin{bmatrix} N \\ i \end{bmatrix} P_{\text{e}}^i (1-P_{\text{e}})^{N-i} \tag{7-49}$$

可见门限值降低时漏同步概率将随之而降低。但假同步概率却随之增加。由此看出,假同步概率与漏同步概率二者对于门限值的要求(或对于门限值 $N-\varepsilon$ 的要求)也是相互矛盾的。

给出两类错误概率的加权和:

$$P_{\Sigma} = aP_{\text{ef}} + bP_{\text{ep}} \tag{7-50}$$

其中加权系数 a 与 b 要求满足条件:

$$0 \leqslant aP_{\text{ef}} + bP_{\text{ep}} \leqslant 1 \tag{7-51}$$

然后求最佳的 N 值和 ε 值,使在这些条件下,有 P_{Σ} 最小。这是一个变分问题的求解,原则上总是可以求解的。

由上面给出的假同步和漏同步概率的计算式(7-48)和式(7-49),可见适当选择参量,可以使漏同步概率很小,但假同步却出现得比较频繁。为了抑制假同步现象,可以采用一种所谓的"微孔检测"技术,如图 7-19 所示。

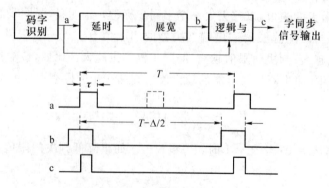

图 7-19 微孔检测技术

同步码字识别判决器的输出信号(图 7-19 中的 a),一路直接送到与门,另一路通过延时和展宽电路再送到与门(图 7-19 中的 b)。码字识别判决器的输出是一个窄脉冲,它的宽度

与同步码字一个码元的宽度相近,记为 τ。如果要求微孔信号(实际就是与门的门控选通脉冲)宽度为 $\Delta(\Delta > \tau)$,则展宽电路的作用是把宽度等于 τ 的脉冲展宽为宽度等于 Δ 的脉冲,选择延时线的延时值等于 $T - \Delta/2$,T 是同步码字出现的周期(即两个相邻同步码字之间的时间间隔),当然要求 $\Delta \ll T$,否则就失去微孔的意义。这样,当同步码字识别判决器输出一个同步信号的时候,与门是否有同步信号输出,要看这个信号是否出现在码字出现的周期时刻上。如果是按周期出现的,它就会与上一周期的同步信号在时间上重合,也就是说,会落入微孔信号的脉冲宽度 Δ 内,于是,就能通过与门(图 7-19a 中的实线脉冲);否则就不能通过与门(图 7-19a 中的虚线脉冲)。鉴于同步码字总是周期性出现的,而随机噪声或信息数字随机组合所形成的假同步码字总是随机出现的,因此通过这种微孔检测技术,能够把大部分假同步信号抑制掉。

微孔检测技术的实质,是给各种字同步信号加上一个约束条件:符合周期性的字同步信号则为真的字同步信号;不符合周期性的字同步信号则为假的字同步信号。附加这样一个鉴别条件,也带来一个问题,这就是如果发生一个漏同步,就可能发生一连串的漏同步。为了克服这个缺点,可以使字同步信号不仅与前一周期的字同步信号相比较(检查周期性),而且同时与其前多个周期的字同步信号相比较,只要与其中的任何一个符合,就可以通过与门输出。这样,即使偶然发生一个漏同步,也不会妨碍码字同步信号的检测,不会引起更多的漏同步。

考虑到收发双方时钟的漂移,以及传输中附加的抖动,微孔脉冲宽度也不能太窄。否则,也可能会引起漏检测。一般而言,Δ 的量级可由下述条件限定

$$\begin{cases} \Delta \geqslant \tau \\ \Delta \leqslant T \end{cases} \qquad (7\text{-}52)$$

实际工程中如何选 Δ 值,应根据漏同步概率的要求以及设备精度等因素来决定。

(3) 自同步法

前面介绍的字同步方法虽然有许多的实际应用,但仍然有一个很大的缺点,就是需要为同步消耗一定的功率,而且同步建立起来之后,这部分功率仍不能省掉。本节将介绍一种新的字同步方法——自同步法,它可以克服浪费功率的缺点。这种方法不用专门的频带,也不占据专门的时隙,不需要专门的同步信号功率,而是直接从信息数字序列中提取字同步信息。因此是一种比较优越且有实用意义的字同步方法。

原则上说,基于接收码字序列本身所作的任何一种测度,只要它在同步和非同步状态下能显示出明显的差别,就可以用于鉴别同步与非同步的测度,这是一切同步技术的根本原理。

粗略地看来,似乎自同步是不可能存在的。因为,每个发送出去的码字恰好相应于 $n = \log_2 N$ 比特的信息,N 是字汇表中的字数。如果不是为了字同步的需要而增加一些冗余度,那么,这 n 比特必然全部都是数据比特,因此,传输的信号容量中没有同步信息的容量。但是,如果考虑到在有噪声信道上信息的传输速率并不等于信息速率,同时注意到同步的不肯定度也表现为某种噪声形式,那么,这个似是而非的问题就自然解决了。特别是在非同步状态下,译码的错误概率必然远远大于理想同步状态下译码的错误概率。因而在非同步状态下,信息速率 R_b 必然远远低于理想同步状态下的信息速率 R'_b。这种信息速率的差值表明我们可以用速率 $(R'_b - R_b) = \varepsilon$ 来传送同步信息。既然一个共有 2^n 个先验等概率的同步

位置,那么,为了确定正确位置,只需要 n 比特信息。如果建立同步所需要的时间为 T_s,那么,理论上只需要满足下述条件

$$(R_b' - R_b)T_s \geqslant n \tag{7-53}$$

在时间 T_s 内,用 n 比特的信息,我们就可以建立起同步。

由式(7-53)不难看出,如果允许 T_s 足够大,那么 R_b 可以任意接近 R_b'。也就是说,为了得到同步,只需要很少信息。

前面所介绍的字同步方法中,总需要发送恒定的同步信号功率,因此,实际的 R_b 不能任意接近 R_b'(R_b' 是当全部功率都用来传输数据信息时所能达到的信息速率)。而且,如果要求在最小的时间 $T_{\min}$ 内建立同步,那么,同步信号功率就必须满足条件

$$(R_b' - R_b)T_{\min} \geqslant n \tag{7-54}$$

随着实际观察时间 T_c 的增加,当 $T_c \gg T_{\min}$,则有

$$(R_b' - R_b)T_c \gg n \tag{7-55}$$

自同步码则与此相反,因为,它的全部功率都用来传送数据信息,一旦达到精确同步之后,R_b 就自动逼近 R_b'。这是此法的最大优点。

现在来考察一种自同步码技术。众所周知,在相关接收场合,总是通过计算一系列(N 个)相关函数

$$R_{i0} = \int_0^T x_i(t)[x_r(t) + n(t)]dt, \quad i = 1, 2, \cdots, N \tag{7-56}$$

来进行检测的。具体地说,就是比较 $R_{10}, R_{20}, R_{30}, \cdots, R_{N0}$,并把其中最大者所对应的 $x_i(t)$ 判为实际发送的信号。$x_i(t)$ 是接收端产生的第 i 个参考信号

$$x_i(t) = A x_{ij} \sin 2\pi f_0 t, \quad (j-1)\frac{T}{N} < t < j\frac{T}{N} \tag{7-57}$$

式中,$x_{ij} = +1$ 或 -1,$j = 1, 2, \cdots, N$;A 为接收信号的振幅;f_0 为接收信号的频率。用 $x_r(t) + n(t)$ 表示接收到的信号和噪声,信号分量为

$$x_r(t) = A x_{rj} \sin 2\pi f_0 t, \quad \frac{(j-1)}{N}T < t < \frac{j}{N}T \tag{7-58}$$

如果还没有达到同步状态,那么,除了上面 N 个相关函数 $R_{10}, R_{20}, R_{30}, \cdots, R_{N0}$ 之外,还存在 $N+1$ 个相关函数:

$$R_{ik} = \int_0^T x_i(t)[y_k(t) + n(t)]dt, i = 1, 2, \cdots, N; k = 1, 2, \cdots, N-1 \tag{7-59}$$

式中,$y_k(t)$ 是与 $x_i(t)$ 不同步的序列。它由前一码字中的后面 $N-k$ 个码元与后一个码字中的前 k 个码元构成。对于某些 r,当 $k=0$ 时,就有

$$y_0(t) = x_r(t) \tag{7-60}$$

如前所说,假若存在某种码,它的 R_{i0} 值与 R_{ik} 值有显著差别,就可以利用这种差别来实现同步。

对于某个具体的序列 $y_k(t)$,以及平稳高斯噪声 $n(t)$,随机变量 R_{ik} 是一个高斯变量,它的均值和方差分别等于

$$E(R_{ik}) = E\left[\int_0^T x_i(t) y_k(t) dt\right] = \frac{A^2 T}{2N} \sum_j x_{ij} y_{kj} \tag{7-61}$$

$$E(R_{ik}^2) - [E(R_{ik})]^2 = \int_0^T \frac{N_0}{2} x_i^2(t) dt = \frac{N_0}{2} T \tag{7-62}$$

因为矢量 x_i 在复域内正交,它们形成 N 维空间的基矢量,因此,任何其他矢量 y_k 都可表示为 x_i 的线形组合

$$y_{kj} = \sum_{i=1}^{N} a_i x_{ij} \tag{7-63}$$

这样,y_k 所代表的序列就完全由 $a(k) = \{a_i\}$ 确定了。其中,各个 a_i 是 y_k 与 N 个码矢量 x_i 的相关系数,即

$$\rho_i = \frac{1}{N} \sum_{j=1}^{N} x_{ij} y_{kj} = \frac{x_i y_k}{N}$$

$$= \frac{1}{N} x_i \sum_{j=1}^{N} a_j x_j = \frac{1}{N} a_i x_i x_i + 0 = a_i \tag{7-64}$$

矢量 $a(k=0)$ 恰为一单位矢量 e_r,即除 r 个分量等于 1 之外,其他分量均为零。此外,矢量 $a(k)$ 还要满足下述条件:

$$\frac{1}{N} \sum_{i=1}^{N} (y_{kj})^2 = 1 \tag{7-65}$$

即

$$\frac{1}{N} \sum_{i=1}^{N} \left(\sum_{\mu=1}^{N} \rho_\mu x_{\mu j} \sum_{\nu=1}^{N} \rho_\nu x_{\nu j} \right) = 1 \tag{7-66}$$

或

$$\frac{1}{N} \sum_{\mu=1}^{N} \sum_{\nu=1}^{N} \rho_\mu \rho_\nu \sum_{i=1}^{N} x_{\mu j} x_{\nu j} = 1 \tag{7-67}$$

我们的目标是要使 $a(k \neq 0)$ 与 $a(0)$ 之间的差别足够大,以便用来作同步的标志。为此,首先要对"差别"给出数量上的定义。很自然,$a(k)$ 和任何一个同相矢量 $+e_i$ 之间的差别的最直观的测度就是"最小均方差值",即

$$d = \min \sum_{j=1}^{N} [a_j \pm (e_i)_j]^2 = \min \sum_{j=1}^{N} [\rho_j \pm (e_i)_j]^2 = \min \left[\sum_{j=1}^{N} (\rho_j^2 \pm 2\rho_j + 1) \right] \tag{7-68}$$

又由式(7-67)有

$$\sum_{i=1}^{N} \rho_j^2 = 1 \tag{7-69}$$

代入式(7-68)得

$$d - \min(2 - 2|\rho_i|) = \min 2(1 - |\rho_i|) = 2(1 - \max|\rho_i|) \tag{7-70}$$

于是,为了使差值 d 最大,就应当使 $\max|\rho_i|$ 为最小。这就得到一个重要的结论:为了使码字 x_i 具有良好的同步能力,要求它的异步(即移位相乘)相关系数

$$\rho_i = \frac{1}{N} \sum_{j=1}^{N} x_{ij} y_{kj} \tag{7-71}$$

尽可能小,即要求编码信号的自相关旁瓣尽可能地小。某些伪噪声码的相关特性能满足上述条件,因而它们是一种良好的自同步码。比如 m 序列,它的同步自相关函数与异步相关函数(旁瓣)的差别很大,差别随 m 序列的码长(即 $N = 2^r - 1$)的增加而增加,只要码长足够长,这个差别就足够大,而异步相关函数(旁瓣)可以做得足够小,自同步性能就越好。非线性移位寄存器构成的 M 序列也具有同步自相关函数足够大,异步相关函数较小的特性。故

在扩频通信中,直接序列扩频系统和跳频系统常采用伪码自同步法,它既能节省同步功率,又能传输更多的信息,是一种高可靠(保密、抗干扰能力强)、高效率的传输系统。直接序列系统中的延时锁定同步方案就是自同步的一个应用。

7.3.2 码元同步

码元同步又称为位同步或时钟同步。码元同步的方法很多,下面介绍几种比较常用的方法。

(1) 从基带信号中产生码元同步信息

在扩频通信系统中,基带信号的脉冲波形通常为非归零的方波脉冲,信号频谱中不存在码元同步的线谱分量。将方波脉冲信号经微分、全波整流后可以得到一组尖顶脉冲的归零码,归零码中包含有码元同步的线谱分量。利用高 Q 值的窄带滤波器抑制掉干扰和噪声,把同步线谱分量滤出,再经脉冲形成电路产生码元定时脉冲,就完成了码元同步恢复的任务,原理方框图及各点波形如图 7-20 所示。

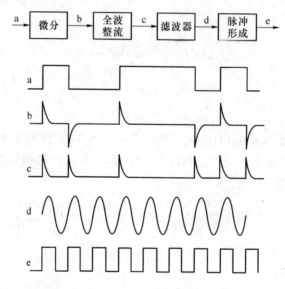

图 7-20   从基带信号中提取码元同步信号

在实际应用中,图 7-20 的电路受到一定的限制,主要原因是中心频率为传输速率 R_b 的高 Q 值的窄带滤波器较难实现。

(2) 包络检波法

这是一种常用的从中频调相信号中直接提取码元同步的方法。

中频 PSK 信号通过中频滤波器后,由于中频滤波器的频带受到限制,PSK 信号不再是恒定包络的信号,而是在换相点附近(换相点附近信号的高频分量比较丰富)信号的包络出现凹陷,可以利用包络检波器将此凹陷的包络解调出来。解调出的包络中包含有码元同步的线谱分量,再经过滤波、脉冲形成等电路可得到所需要的码元定时信息。原理方框图如图 7-21 所示。

从图 7-21 中可以看出,包络检波后的信号 $u(t)$ 由两部分信号组成,一部分为直流分量,另一部分为具有一定脉冲形状的归零码。根据信号分析的理论可知,归零码的频谱中包含有码元同步的线谱分量,利用窄带滤波器或锁相环路将其取出即可。检波法电路比较简单。因为一般说来,中频检波器很容易实现;另一方面,直接从中频 PSK 信号中提取同步信号,使码元同步的恢复和解调电路无关,不会因为解调电路出现这样那样的问题而影响码元同步信号的提取,因而同步提取比较可靠。

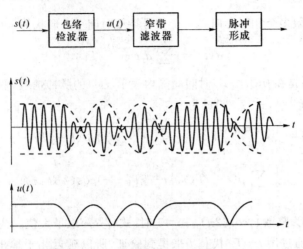

图 7-21　包络检波法提取同步信号

（3）延迟相干法

上面讨论的包络检波法要求中频 PSK 信号频带是受限的,因为只有频带受限才能在信号的包络上出现"凹陷"。否则,如果包络是恒定的,即恒包络信号,就无法从包络检波中提取码元同步的信息。当然这个条件在一般情况下是能够满足的。但是,有时也会遇到中频滤波器带宽远大于信号频谱宽度的情况;或者也会遇到由于中频放大器中对称限幅器而将包络削平的情况。

延迟相干法为从频带不受限的中频 PSK 信号中产生码元同步提供了一种可行的方案。延迟相干法的原理图如图 7-22 所示。

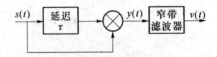

图 7-22　延迟相干法提取码元同步信息

延迟相干法是将中频 PSK 信号和它的延迟模本相乘,通过窄带滤波器取出码元同步信息。为了证明该方法的可行性,下面我们来推导窄带滤波器的输出。

设输入的中频 PSK 信号为

$$s(t) = d(t)\cos(2\pi f_{\text{IF}}t) \tag{7-72}$$

那么

$$\begin{aligned}
y(t) &= s(t)s(t-\tau)\\
&= d(t)d(t-\tau)\cos(2\pi f_{\text{IF}}t)\cos[2\pi f_{\text{IF}}(t-\tau)]\\
&= \frac{1}{2}d(t)d(t-\tau)[\cos(2\pi f_{\text{IF}}\tau) + \cos(2\pi \cdot 2f_{\text{IF}}t - 2\pi f_{\text{IF}}\tau)] \tag{7-73}
\end{aligned}$$

忽略高频分量和直流分量,

$$y(t) \approx \frac{1}{2}d(t)d(t-\tau)\cos(2\pi f_{IF}\tau) \tag{7-74}$$

$y(t)$ 的期望值为

$$E[y(t)] = \frac{1}{2}E[d(t)d(t-\tau)]\cos(2\pi f_{IF}\tau) \tag{7-75}$$

$d(t)$ 可以表示为无限多个相对延时为一个符号持续时间 T_b、形状为 $p(t)$ 的脉冲之和,即

$$d(t) = \sum_{i=-\infty}^{\infty} d_i p(t-iT_b) \tag{7-76}$$

式中,$d_i = \pm 1$,$p(t)$ 是在 $0 \leqslant t \leqslant T_b$ 时间间隔内表示 $d(t)$ 的脉冲信号,假设 d_i 和 $d_j (i \neq j)$ 是统计独立的,因为 $d_i^2 = 1$,式(7-74)成为

$$\begin{aligned} E[y(t)] &= \frac{1}{2}E\left\{\left[\sum_{i=-\infty}^{\infty}d_i p(t-iT_b)\right]\left[\sum_{j=-\infty}^{\infty}d_j p(t-jT_b-\tau)\right]\right\}\cos(2\pi f_{IF}\tau) \\ &= \frac{1}{2}\sum_{i=-\infty}^{\infty}p(t-iT_b)p(t-iT_b-\tau)\cos(2\pi f_{IF}\tau) \end{aligned} \tag{7-77}$$

注意,当 $f_{IF}\tau = k(k$ 为整数$)$,$\cos(2\pi f_{IF}\tau) = 1$ 时,式(7-77)取最大值。式(7-77)是周期函数,周期为 T_b,这可以通过用 $t-T_b$ 代替 t 来得到验证,所以延迟相干输出的平均值是一个周期函数,因而可表示为傅里叶级数的展开式

$$E[y(t)] = \frac{1}{2}\sum_{n=-\infty}^{\infty}c_n e^{j\frac{2\pi nt}{T_b}}\cos(2\pi f_{IF}\tau) \tag{7-78}$$

其中

$$c_n = \frac{1}{T_b}\int_{-T_b/2}^{T_b/2}\sum_{i=-\infty}^{\infty}p(t-iT_b)p(t-iT_b-\tau)e^{-j\frac{2\pi nt}{T_b}}dt \tag{7-79}$$

于是时钟分量的幅度为

$$\begin{aligned} c_1 &= \frac{1}{T_b}\int_{-T_b/2}^{T_b/2}\sum_{i=-\infty}^{\infty}p(t-iT_b)p(t-iT_b-\tau)e^{-j\frac{2\pi t}{T_b}}dt \\ &= \frac{1}{T_b}\sum_{i=-\infty}^{\infty}\int_{-T_b/2}^{T_b/2}p(t-iT_b)p(t-iT_b-\tau)e^{-j\frac{2\pi t}{T_b}}dt \end{aligned} \tag{7-80}$$

c_1 的表示式是无限多个有限积分值(在相邻时间间隔内)之和,而且被积函数相同,因此式(7-79)可以写成

$$c_1 = \frac{1}{T_b}\int_{-\infty}^{\infty}p(t-iT_b)p(t-iT_b-\tau)e^{-j\frac{2\pi t}{T_b}}dt \tag{7-81}$$

如果延迟相干后的信号通过一个窄带滤波器,那么基频分量就可以被分离出来。用这种方法产生的码元同步信号是由 3 个参数决定的:① $f_{IF}\tau$;②基带脉冲的形状 $p(t)$;③延迟 τ 的数值。

当给定 $f_{IF}\tau = k(k$ 为整数$)$后,对于某个确定的基带脉冲形状,为了使延迟相干输出最大,必定存在一个最佳延迟值 τ。表 7-3 给出了对于矩形脉冲、升余弦脉冲、抽样函数脉冲和奈奎斯特脉冲形状分别需要的最佳延迟值 τ。

表 7-3　各种基带脉冲形状所需的最佳延迟值

基带脉冲形状	最佳延迟值
矩形脉冲 $p(t) = \begin{cases} 1, & -T_b/2 \leqslant t \leqslant T_b/2 \\ 0, & \text{其他} \end{cases}$	$\dfrac{T_b}{2}$
升余弦脉冲 $p(t) = \begin{cases} \dfrac{1}{2}\left[1+\cos(\pi t/T_b)\right], & -T_b \leqslant t \leqslant T_b \\ 0, & \text{其他} \end{cases}$	$0.2T_b$（近似）
抽样函数脉冲 $p(t) = \dfrac{\sin(\pi t/T_b)}{(\pi t/T_b)}$	不适用
奈奎斯特脉冲	0

从表 7-3 中，我们可以看出，延迟相干法对形如抽样函数（$\sin x/x$）的基带脉冲是不适用的，这是因为不论延迟值 τ 取多少，延迟相干的输出总为 0；对于奈奎斯特脉冲，延迟相干检测器简化为倍频器，即 $\tau=0$。

应当指出，延迟相干法不仅适用于输入信号是中频 PSK 信号，同样也适用于输入信号是中频 QPSK 信号的情况，当输入信号为基带脉冲时延迟相干法同样适用。

第 8 章

扩展频谱通信技术在工程中的应用

8.1 扩频通信在 CDMA 系统中的应用

如果把无线电话系统按照它们的接入方式分类，我们可以将每个系统归到以下 3 类：频分多址（FDMA）、时分多址（TDMA）、码分多址（CDMA）。而 CDMA 就是一种以直接序列扩频技术（DSSS）为基础的多址接入移动通信。

高通公司被认为是 CDMA 的先驱，它的技术已经允许给世界 65 个通信厂家使用。在最初设计 CDMA 时，高通公司有一段非常艰难的日子，许多人怀疑该技术背后的概念和公司所宣传的性能，即 CDMA 能提供相当于 FDMA 的 7～10 倍容量，或者 TDMA 的 6 倍容量。事实上 CDMA 不仅提供了远大于 FDMA 和 TDMA 的容量，它还具有其他接入方式所不具有的优点。这包括降低了背景噪声和干扰，提高了安全性和个人性，能直接支持 Internet 协议（IP），提高话音和通话质量。

CDMA 是一种以直接序列扩频技术为基础的多址接入通信方式，这种方式是通过给每个用户分配一个具有良好自相关性和弱互相关性的唯一扩频码片（也叫伪随机序列 PN 码），并用它对承载信息的信号进行编码而实现的。在接收端，接收机使用相同扩频码片对收到的信号进行解码，并将其转换成原始带宽信号，而其他用户的宽带信号却保持不变。这是因为该用户伪随机码序列与其他用户伪随机码序列的互相关性很小。

为了直观说明直接序列扩频通信，假设每个信息比特采用 3 bit 的扩频码片，在直接序列扩频通信中每个信息比特与扩频码片进行异或操作（模 2 加），然后传送出去。比如采用扩频码片 010 传送信息比特 101 的例子，注意使用 3 bit 的扩频码片，3 个信息比特就变成了 9 个连续的比特。信息比特 101，扩频码片（伪随机码）010，传送比特（异或操作后）101010101，也就是说，第一个信息比特"1"与每个扩频码片"010"进行异或，从而产生比特序列"101"，然后代表信息比特"1"传送出去。接着信息比特"0"与每个扩频码片"010"进行异或，得到"010"，然后代表信息比特"0"发送出去。最后第三个信息比特"1"与扩频码片进行异或，得到 3 个比特"101"，然后代表信息比特"1"发送出去。由于扩频码片给要传送的信息比特增加了冗余位，这使得接收机能够在一个或多个原始数据遭到破坏后仍能恢复数据。当然数据恢复能力取决于扩频码片长度与被破坏的数据长度。如果能够恢复数据，就可以避免重传。如果接收机不知道扩频码片，那么它就不能正确接收信息，接收信号表现为低功率的宽带噪声,所以直接序列扩频适用于可靠安全的军事通信。

提到 CDMA 就不得不提到如今最热门的 3G 移动通信技术,也就是第三代移动通信技术。现在世界各国都在研究能够提供更高传输速率的宽带 CDMA,能提供各种多媒体和网络业务的移动通信方式,也就是第三代(3G)移动通信,并已经取得一定成果。为了提供比其他接入方式更高的容量和优点,IMT-2000(由国际电信联盟 ITU 启动的通用移动电信系统/国际移动电信 2000 计划)在接受了各国对于第三代移动通信方式的提案后,采用 CDMA 技术,列出了 3 个标准。即美国的 CDMA 2000、欧洲的 WCDMA 和中国的 TD-SCDMA。目前使用手机高速上网,进行可视电话将不再是梦想。这也正是 CDMA 网络相比 GSM 网络及其下的 GPRS 技术所无法取代的优势所在。

8.2　扩频通信在无线局域网中的应用

扩频通信(Spread Spectrum Communication)技术是一种先进的信息传输方式,最初专用于美国军方的保密通信,20 世纪 80 年代后期逐渐普及于民用领域,并被广泛应用于蜂窝通信、卫星通信、导航等许多通信领域。1985 年,根据美国联邦通信委员会(FCC)的标准,国际上规定了可以自由使用的扩频通信 ISM 频段为 902～928 MHz,2.4～2.483 5 GHz 及 5.725～5.850 GHz,在该波段内无须申请许可证。中国国家无线电管理委员会也于 1996 年 12 月规定,国内开放性扩频通信波段为 2.4～2.483 5 GHz,带动了扩频通信技术在中国的普及应用。扩频通信频带的展宽是通过编码及调制的方法来实现的。无线电波与红外线是目前 Intranet 无线局域网采用的两种主要传输媒体。前者按调制方式不同又分为扩展频谱与窄带调制两种方式。在扩展频谱方式中,是以牺牲频带带宽来提高通信系统的抗干扰能力和安全性的,即数据基带信号的频谱被扩展至几十倍后再被搬移至射频发射出去。在窄带调制方式中数据基带信号的频谱不作任何扩展即被搬到射频发射出去。这样采用扩展频谱方式的 Intranet 无线局域网一般选择公用的 ISM 频段,采用窄带调制方式的 Intranet 无线局域网一般选用专用频段,需要经过国家无线电管理部门的许可方能使用。

无线局域网扩频技术目前已有直接序列扩频、跳频、跳时和线性调频 4 种基本方式。扩展频谱技术具有抗干扰性强、信息保密性好、易于实现码分多址和抗多径干扰 4 个特点。扩频通信系统扩展的频谱越宽,处理增益越高,抗干扰能力就越强。另外,由于接收端采用扩频码序列进行相关检测,空中即使有同类信号进行干扰,如果不能检测出有用信号的码序列,干扰也起不了太大作用,因此抗干扰性能强是扩频通信的最突出的优点。对于无线局域网来说,抗干扰性和保密性的好坏应该是最重要衡量指标。扩频通信抗干扰性和保密性好的特点使其在无线局域网中的应用前景十分广阔,值得进一步深入研究。而直接序列扩频通信系统具有更强的抗干扰能力,要对其实施有效的干扰,从目前来看有相当的难度。如果在系统提高抗干扰能力方法的研究上取得突破并加以利用,那么直接序列扩频通信系统将会更加完善,该系统在军用领域的作用将会更加突出,并进一步扩展到民用领域。

方案实例 1

某集团公司内的两个工厂直线距离约 2 km,中间无高建筑物阻隔,两工厂分别有自己内部的以太网络。由于两工厂之间联系密切,业务流程相关,需要将两工厂的内部局域网互联。由于电信局的 DDN 线路未到,采用电话线的传输效率太低,而自己掘地铺设光缆,一是施工量大,二是审批手续繁多,总的成本高。集团公司经过论证,决定采用扩频无线连接。发射机输出功率:$P_{out}=20$ dBm,馈线衰减:$C_t+C_r=30\times0.127$ dB/m$=3.81$ dB,天线增益:$G_t+G_r=48$ dB,安装距离:$D=2$ km,接收灵敏度:$P_s=-67$ dBm,路径衰减:$P_1=32.4+20\log F+20\log D=106$ dB,其中,F 的单位为 MHz,D 的单位为 km,输入接收机信号的功率:$S_i=P_{out}-C_t+G_t-P_1+G_r-C_r=(20-3.81+48-106)$ dBm$=-41.83$ dBm。所以,理论上链路应当在无阻挡的条件下保证了接收功率大于接收灵敏度,链路可以工作,而且链路冗余度为 $P_s-S_i=25.2$ dB,因此链路仍然可以工作。当考虑最恶劣天气环境时,譬如达到 150 mm/ h 的大雨,额外衰减:$P_{rain}=2$ km$\times0.02$ dB/km$=0.04$ dB。

方案实例 2

Internet 的应用越来越普及,大用户接入 Internet 网络往往采用 DDN 接入。其实对于 ISP 和用户来说,采用无线扩频点对多点方式接入是既省钱又方便的接入。目前国内较大的 ISP 运营商中国金桥网就是采用这种接入方式,广州附近的金科网也是采用这种接入方式,其具有明显的特点如下:通信费用低,维护方便,全由 ISP 和用户自己控制;支持完全不同性质的网络接入;有很强的外部环境适应能力,抗干扰性能好。

在实际组网过程中,有 3 种设备的组合形式可以选择。

(1) 智能 PCM 设备+4XE1 扩频微波的组合。智能 PCM 设备可提供最多 240 条话路,并且只占用一个 E1 通道进行传输,其余 6 MB 的带宽可用于数据通信。

(2) 智能 PCM 设备+2XE1 扩频微波的组合。在这种情况下只能提供一个 E1 传送数据信号。

(3) 智能 PCM 设备+2XE1 扩频微波+无线网桥的组合。此方案采用无线网桥和扩频微波的一体机,无线网桥的带宽为 8 MB,当智能 PCM 设备仅使用一个 E1 通道时,可将另一个 E1 通道带宽叠加在无线网桥上,提供达 10 MB 带宽的数据通道。比较上述 3 种方案,第三种组合方式因能提供 10 MB 带宽,可以通过以太网接入方式,十分经济和较高速率地为用户提供宽带接入服务。

信号流程:局端话路经智能 PCM 设备接入扩频微波机发送,用户端扩频微波机将信号接收后送入智能 PCM 设备,再进行话路分配。智能 PCM 设备可选用进口或者华为、中兴、普天等公司的光纤数字用户环路系统,可提供语音、数据等完整的业务服务,能适应恶劣工作环境。利用先进的集线技术,全自动化处理,240 路话音最大集中可使用一个 E1 通道传输。如需更多话路,可以增配 PCM 设备,也可以采用远端模块局和 ONU 局点的方式迅速展开语音和宽带数据业务。扩频微波机可选用进口或国产优质产品,免申请频率,满足国家无线电管理委员会规定,并已在全国许多行业大量应用,性能稳定可靠,信道容量为 1~4 个 E1,机身轻巧坚固、安装施工方便快捷,可实现图像、数据、语音的低成本传输。

8.3　扩频通信在数字水印技术中的应用

数字水印是目前国际、国内学术界研究的一个热门方向,可为版权保护等问题提供一种潜在的有效解决办法。数字水印是永久镶嵌在其他数据(宿主数据)中具有可鉴别性的数字信号或模式,而且不影响宿主数据的可用性。实际上数字水印的嵌入要在不可见性和不可预测性、鲁棒性以及其容量之间保证一个平衡。在不可见性的要求下,水印叠加的原始宿主信号只有比水印信号强很多,才能做到有效遮蔽,保持其不可见性。在数字水印这一特定情况下,信噪比将远远小于 dB(根据信噪比的定义和计算得),在这样特定的低信噪比下,要求能从叠加了噪声后的信号中检测出数字水印信号的存在,无疑是个难题。

现在成熟的做法是选择 DWT 域作为水印的加载域,结合鲁棒参考水印算法(RRW),利用扩频通信的主要特征,对上述算法进行实现,一定程度上在数字水印的信噪比与不可见性之间达到了一种平衡。由于篇幅所限我们这里只从通信的角度对数字水印加载和检测进行解释。在水印加载的过程,水印 W 加载到图像 P 的变换域分量中。把水印视为要传输的信号 S,水印叠加的原始宿主看做在信号传输过程中附加的噪声 N。加载算法相当于在传输的过程,叠加上了不希望的噪声 N。在水印的检测过程中,盲检测算法意味着我们只能得到叠加了噪声之后的信号,这就需要我们从噪声中检测出信号的存在。由于水印信号的特征已经知道,也就是说这实际上是一个根据信号的特征进行匹配滤波的过程。数字水印加载特定情况下的信噪比,在不可见性的要求下,水印叠加的原始宿主信号只有比水印信号强很多,才能有效地保持水印信号的不可见性。因此在如此低的信噪比下,只有采用扩频通信技术来加以实现,才能取得良好的效果。在扩频技术下,图像质量更高,鲁棒性也比较好。当然这要结合水印加载域、加载强度等来考虑。但是利用扩频技术不能很好地反映图像加载能力的差异,只是可以直接用加载处的原始宿主信号的方差作为衡量图像加载能力的大致依据。

8.4 扩频通信在电力线通信中的应用

随着接入网瓶颈效应的日益突出,为解决"最后一公里"的问题,各种宽带接入网技术风起云涌,低压电力线通信技术(PLC)以其先天的覆盖面积之广、无须重构网络的优势,在与同是接入网技术的 Cable Modem(线缆调制解调器)、xDSL(数字用户环路)和无线接入技术 LMDS(本地多点分配系统)的对比中显得更加引人注目。使用低压电力线进行通信,可以方便地组建计算机局域网(LAN)、传递远程监视图像、实现自动抄表(Automatic Meter Reading)系统和用于火灾报警(Fire Alarm)系统等。此外利用已有的能量管理系统(EMS)和电力线通信技术,还将实现用电方与供电方信息的实时双向交流,为已经在世界范围兴起的电力贸易、电力市场的建立提供技术支持。

在低压电力线载波通信中,最为突出的技术就是扩频通信和正交频分多路复用(OFDM)技术,这两种技术最早被应用于无线通信领域,它们都具有很强的抗干扰、抗多径效应的能力。电力线的信道模型可表示为:一个带加性干扰噪声的时变滤波器与一个多径时延和衰减信道的线性组合,对于电力系统的多径效应,扩频通信一般采用 RAKE 接收机技术:只要路径之间的时延差大于一个 PN 码片宽度,就可以利用多径信号加强接收效果,此种技术称为 RAKE 分集接收技术(俗称路径分集)。一般 RAKE 接收机由搜索器(Searcher)、解调器(Finger)、合并器(Combiner) 3 个模块组成。搜索器完成路径搜索,主要原理是利用码的自相关及互相关特性。解调器完成信号的解扩、解调,解调器的个数决定了解调的路径数。合并器完成多个解调器输出的信号的合并处理,通用的合并算法有选择式相加合并、等增益合并、最大比合并 3 种。合并后的信号输出到解调单元,进行解调处理。由于扩频通信所使用的带宽 B 远大于信号实际所占带宽 B_o,这两者的比值 $G=B/B_o$,称为扩频系统的处理增益,由香农定理可知,处理增益 G 越高,系统的抗干扰能力越强,系统正常工作所需的信噪比就越低。实际系统中,为了克服低压电力线信道中与主频率同步的周期脉冲噪声和异步脉冲噪声,一般采用前向纠错(FEC)信道编码技术加以克服,而信道编码将引起信号频带的扩展,在系统可用带宽受限的情况下,编码引入的频带扩展将降低扩频增益。因此,存在一个编码增益和扩频增益之间的折中,为此应恰当地协调两者的关系。

由于 OFDM 调制技术使用了大量的子载波,因此合成的信号具有非常大的峰均功率比(Peak- to-Average Power Ratio,PAPR),因此如果要维持频带内信号的线性,信号放大元件就要在特定的频带内具有很好的动态特性。而采用扩频调制时,由于是单载波系统,直接序列扩频只使用恒包络调制,因此没有这个问题。OFDM 系统可以根据每个子载波的状况(信噪比大小)动态地在不连续的频带内分配不同的信号传输速率,甚至可以关闭那些在噪声源附近频率选择作用较强的的信道。低压电力线载波芯片制造商(如 Intellon 和 Inari)均使用了 OFDM 的这一特性来抵抗低压电力线信道恶劣的通信环境。而扩频系统由于是单载波调制系统,无法动态地分配频带。扩频系统不需要像 OFDM 那样,在频带间加入保护间隔以及在数据帧前面加入循环前缀。OFDM 技术在子载波之间失去正交性的时候,就会产生 ISI(Inter Symbol Interference),这种额外的开销,降低了频带利用率。但实际的OFDM 系统的传输速率仍可以达到 $10\sim15$ Mbit/s,而实际的扩频系统只能达到 5 Mbit/s。因此,即使是增加了额外的开销,OFDM 仍能提供更高的传输速率。OFDM 系统中在发射机和接收机之间产生的频率偏移非常重要。频偏必须使用自动频率控制(Automatic Frequency Control,AFC)进行消除,否则子载波间就不会继续保持正交。扩频通信系统必须注意发射机和接收机之间产生的定时偏移,当处理增益增大时,这一问题更加突出。

由于低压电力线信道具有多径传播特性,因此它是一个频率选择性衰落信道。OFDM 的各个子信道可以看做在平坦衰落信道,而不是一个频率选择性衰落信道,这能够很好地抵抗多径传播的影响。另一方面,由于信道的频率选择特性,扩频系统中也存在严重的多径干扰。可以使用 RAKE 接收机来从多径信息中恢复信号。但是使用 RAKE 接收机将增加扩频系统的复杂性。目前,即使在无线领域也只有少数公司实现了 RAKE 分集接收功能。高速电力线载波通信技术已逐渐成为国内外通信领域的研究热点,具有巨大的市场潜力。

8.5 扩频通信在矿井通信中的应用

从根本上讲,矿井移动通信希望解决的问题是在矿井中作业的任何人员,在任何地点和任何时刻,都能与他们渴望通信的对象保持及时有效的联系。这曾是煤矿广大工人、干部梦寐以求的幻想。建立矿井移动通信系统之后,各种井下流动作业人员将得到有效的组织,除去有力地增强矿工的心理安全因素之外,可提高采掘作业效率,可加快周转运输作业,可减少生产班组贻误,可迅速排除机电故障,对于事故,可及时预报、报警、避险和组织抢救。因此,煤矿井下移动通信系统对于提高现代矿井自动化程度,提高劳动生产率,加强安全防护等有着非常重要的意义。矿井移动通信作为现代矿区通信技术的重要组成部分,现在急待开发、研究、完善和提高。目前,矿井移动通信的主要形式有动力载波通信、泄漏无线通信、中频无线通信和感应通信等。

动力载波通信在矿井架线电机车上有些应用,但因传输阻抗匹配困难和抗干扰性能差,至今性能尚未完善。泄漏通信是近十几年发展起来的一种无线电通信形式,利用表面开孔的同轴电缆(泄漏电缆)在巷道中起到长天线的作用,使巷道的任何截面上都有足够的无线电磁场,实现移动电台之间或与基站的可逆耦合。这就把复杂的通信问题转化为移动台与电缆间近距离的通信问题,以获得较好的通信质量。利用中继站可以实现远距离通信,有条件组成全矿井移动通信网。其缺点是系统造价昂贵,又需专门铺设专用传输线,且信号接收局限在离导线 30 m 以内,传输线架设和维护需花一定代价。中频无线通信是利用200～1 000 kHz中频无线电波,可穿透一定深度矿岩特性而实现的无线通信,没有高频电波的急拐弯损失特征,借助井下金属管道、铁轨和电缆等的引导作用来进行通信,是一种无线电空间波传导方式,可穿透煤层 300～500 m。其优点是线路构成简单,免除了在全矿安装泄漏电缆的费用,并增大了通信布局的实用性和灵活性,是一种经济实用的通信系统。但因传输参数不稳定,电气干扰不易克服,造成噪声大,从而极大地影响了其推广和应用。感应通信是利用电磁感应原理实现的通信,发话时移动通信机的磁性天线要十分接近感应线且发射天线尺寸较大,因传输参数不稳定和干扰噪声大,国内使用情况普遍不好。而由美国RAMTech 公司推出的工业窄带(700～1 200 kHz)中频感应通信系统,其工业样机已经在南非的几座矿山使用了几年,效果颇佳,现已形成系列产品。美国矿业局又试验和推出了几种变型系统。我国淮南无线电厂已有地下中频无线感应通信的仿制品,但由于系统和电路的某些缺陷,抗干扰性能非常差,存在使人难以忍受的背景噪声,致使该系统尚未推广使用。低频感应通信是以感应方式实现的另一种形式的矿井无线电通信。在全国各矿区虽已使用,但使用情况普遍不好,绝大多数设备已置于井上停止使用。例如,平顶山矿区几个矿使用低频感应通信,只有五矿利用检测线作为感应线仍继续使用,但通话距离或布线线路稍有变动就不能使用。上述的几种井下移动通信系统存在的问题较多,抗干扰性能很差,背影噪声大,且系统对使用环境的适应性很差。几十年实践表明,在煤矿井下特殊条件下,通信技术应该有新的突破。扩频通信是最近十多年来进入开发应用阶段的一种新型通信体制,是通信领域中一个重要发展方向,世界上一些先进国家在井下无线通信方面的研究基本上还停留在载波、感应和泄漏等铺设专用线的半移动形式,如美国、南非的地下中频感应通信,英国的泄漏通信等,只是在系统性能改进和新元器件的选用上做工作;而我国在扩频通信方面的开发应用研究,现在只是开始,目前提出泄漏电缆通信和中频感应通信相结合的扩频通信方案,即利用扩频通信抗干扰性强,易于实现码分多址等优点,在主巷道等主干线,利用泄漏电缆,而在其他巷道或能够出现瓦斯爆炸、易塌方的地点,采用中频感应扩频通信,使全矿形成一个可靠灵活的新型无线信息通信系统。该方案既保证了主干线安全可靠通信,又可利用中频感应通信(可以借用管道、钢轨或铠装电缆外皮作波道)保证特殊场合的通信联络。完成扩频通信机的研究工作,这是其关键。而这一任务的完成,对煤矿井下移动通信的实现,将起到十分重大的作用,对于将矿井移动通信推向实用阶段,对于提高现代矿井自动化程度,具有巨大的经济效益和社会效益。史丹福电信公司的一系列扩频通信的专用芯片,给研制扩频产品提供了可行的途径。对于煤矿通信这个特殊领域,通信环境十分恶劣是众所周知的,而采用史丹福电信公司生产的专用芯片及开发系统,很容易组成适用于煤矿使用的高性能的产品。设计扩频通信在泄漏电缆上的应用。

（1）采用上面提到的典型应用，配备语言编码部分，将音频信号变成数字信号，进入 STEL-2000A 芯片，再配备泄漏通信的一些设备，完成新产品样机和通信质量的测试。通过实际考察，我国煤矿目前使用的泄漏通信的典型产品是煤科院的 KT6 型泄漏通信系统。通信系统将用扩频通信机取代该系统所有的基地台、车载台和手持台，新的系统将达到：

① 无中心控制，每一分机可随机入网，实现码分多址。

② 通信距离可以加长。

③ 用电缆可以组成全矿通信网，能够作到全矿井任意地点，任意时间，任一对象的通信联络。通信机数量可以大量增加。

④ 作到语言和数据兼容，最终形成泄漏电缆高速数据链路，能担负全矿井一切通信监测等信号的传输任务，最大限度地利用电缆资源。

⑤ 再进一步研制泄漏电缆与感应信道的结合设备，完成两个信道信号的接口。

（2）主要技术指标：实验中采用扩频通信专用芯片 STEL-2000A，限于篇幅，这里只介绍实验的主要技术指标。

① 伪随机码长的选择：伪随机码越长，抗干扰越好，实验中选芯片容许最大码长 64。

② 工作频率选 KT6 型泄漏通信系统的工作频率 30 MHz。

③ 要利用扩频技术，语言必须数字化，CVSD 编解码方案，称连续可变增量编解码，它能提供一种语言简化编解码方法，占用频带较其他方法窄为 16 kHz，是可取方案之一。因用 64 位码扩频，采用 QPSKF 方式载波调制，计算信号占有频带，则有 $B=8K×64×2/2 \text{ Hz}=512 \text{ kHz}$ 这是频谱主瓣宽度，在泄漏电缆上传输信号，余量很大，可采用更长的扩频码，以获得更高的处理增益和更多的地址。

④ 设备灵敏度和发送功率的设计：移动台灵敏度为 −115 dBm，通信的两个移动台通过泄漏电缆耦合，要遇到下列衰减：传输损失、耦合损失、瑞利损失，还要考虑泄漏电缆中继段都有一个中继放大器，根据以上几项，可得系统总损失为 130 dB。电台发送功率应大于 $P_{min}=(−115+130)\text{dBm}=15 \text{ dBm}=32 \text{ mW}$。设计最大输出功率 $P_{max}=500 \text{ mW}$（即 27 dBm），可得系统裕度为 $A_s=12 \text{ dB}$。可见系统裕度足够大。根据以上分析，要彻底解决煤矿井下移动通信的问题，采用扩频通信技术，利用泄漏电缆信道和感应信道相结合的方案，其前景是十分光明的。

8.6 扩频通信在靶载设备中的应用

我国自主研制的某大型无人机，主要用于对空导弹武器系统的试验。该无人机采用 ×××型接收机，由于目前该型无人机没有遥测功能，在实际使用中只能通过地面雷达获得其位置信息与状态信息。一旦雷达丢失目标，领航员将只能依靠盲导引导飞行，因此存在很大的安全隐患。为此可以设计一种可返回飞机实时位置信息和状态信息的新型靶载设备的方案，该方案可以很好地解决此安全隐患。

8.6.1 系统组成与功能

系统组成新型靶载设备安装在无人机上，主要由遥控接收天线、GPS 接收天线、GPS 前置低噪声放大器、遥测发射天线、遥测采编器、遥控信号变换器组成,靶载设备与地面测控站配套使用。在设计中,将遥控接收机、GPS接收机、采编器、遥测发射机和二次电源设计成一体化整机设备,组成靶载测控终端。系统功能如下:

(1)接收地面测控站发出的遥控指令,进行指令译码,输出相应指令信号给无人机飞控设备;

(2)接收GPS卫星信息,获取飞机实时位置信息;

(3)将无人机位置与状态信息、遥控回令、GPS等遥测信息下传给地面测控站;

(4)靶载设备也可以用于系统联试、校飞和验收。

8.6.2 系统工作原理

同一目标的靶载设备使用同一组伪码和地址码,可以接收100条地面测控站的遥控指令,遥控接收机快速捕获遥控指令载频和扩频码,进行指令解调、判别,输出相应遥控指令数据给信号变换器,信号变换器将遥控指令数据变换为现有飞控设备所能识别的模拟信号,送给无人机执行机构,完成飞行任务。遥控接收机将遥控回令送遥测采编器。同时,GPS接收机获取飞机所在经度、纬度、速度等位置信息,计算出实时位置数据,并将数据送到遥测采编器。遥测采编器将遥控回令、飞机位置信息等遥测信息进行数据采集、编码、调制,发送给地面测控站。

8.6.3 遥控接收机功能与组成

遥控接收机功能如下:

(1)接收地面测控站发来的扩频遥控信号;

(2)进行扩频信号载波和伪码的快速捕获、跟踪,完成遥控指令的解调、判决;

(3)根据判决的指令内容,输出相应指令信号给飞控设备,同时输出遥控回令给遥测采编器。

遥控接收机组成:遥控接收机主要由信道模块和扩频解调模块组成。信道模块有低噪声放大器、变频器等,解调模块由A/D变换器和全数字解调处理器等组成。遥控指令译码输出至信号变换器,遥控回令通过内部总线串行口送遥测采编器,另外预留了一个串行接口,可以直接将遥控指令数据传输给采用数字式飞控设备的无人机。原理如下:

(1)信道模块。信道模块的功能主要为模拟下变频和增益控制,在接收信号电平大范围变化时,保持中频输出信号的稳定,以供扩频解调A/D采样。该信道具有高增益、低噪声、高动态范围控制的特点。由于靶载设备采用一体化设计;接收、发射配置于同一整机,为了避免收发互扰,在低噪声放大器前端,加入带通滤波器(BPF)对包括镜频、发射点频等在内的非接收点进行抑制。采用一级中频接收芯片和一级AGC来解决70 dB的动态范围。中频接收芯片内置两级数控放大器和一级有源混频器,在增益控制的同时完成混频功能。本振选用串行置数频率合成器,合成频率可编程。

(2)扩频解调模块。扩频解调模块是整个数字化遥控接收机的核心部分,在该模块完成信号的数字化、数字信号的下变频、数字信号滤波、载波的同步控制、伪码的捕获跟踪、扩频信号的解扩解调以及遥控指令的输出。70 MHz的模拟中频信号,经过电压调制进入

A/D变换器,完成信号的数字化,应用带通采样原理,对其进行采样,采样速率设计为40 MHz。采样后的数字中频信号在 FPGA 中变换成正交的 I、Q 两路数字中频信号,再对这两路数字中频信号进行数字信号下变频和数字滤波后送至 N 个数字接收机通道,这些数字接收机通道由专用集成电路(ASIC)来实现。数字信号处理器(DSP)实现鉴相、环路滤波、数据解调及指令判决等处理功能。

采用新型靶载设备,可以大大提高无人机按预定航线飞行的准确性(GPS 位置精度小于 25 m,测速精度小于 0.1 m/s),消除了领航员盲导可能发生的重大事故隐患;扩频通信技术在遥控接收机部分中的应用,提高了通信链路的抗干扰能力;串并联组合的扩频码捕获方式,很好地兼顾了捕获速度与设备的复杂度,该设计方案对以扩频技术为核心的其他接收机的设计和改造具有较高的参考价值。

8.7 扩频通信在铁路通信系统中的应用

通信是信息社会的基础和命脉,在铁路运输中具有极为重要的地位。为实现铁路通信系统一网化,必须依靠不受地域、距离和环境条件限制的无线通信技术,来覆盖全路不同的区域。这势必要遇到下述问题。

(1)频谱资源。无线电频谱是人类宝贵而有限的资源,提高频谱利用率的方法有:①采用各种技术来提高现有体制的频谱利用率;②研究能在已占用频带上与现有通信体制兼容的制式等。

(2)通信安全。通信信息的安全包括数据加密、身份确认和信息隐蔽。

(3)传播环境。在无线通信中,电波传播的环境十分复杂。经过研究发现路径损耗是按移动台与基站距离的四次幂规律衰减,无线电波受传播环境对信号的遮挡、反射和散射的影响而产生了多径衰落现象。它的直接路径信号呈对数正态分布,多径信号呈瑞利分布或高斯分布。

(4)多径干扰。在多径传播的时变、色变信道中,多径干扰表现为码间干扰和频率选择性衰落。理论研究和实际试验表明,扩展频谱技术正是综合解决上述问题的良策。

8.7.1 在铁路卫星通信网中的应用

(1)移动卫星通信

移动卫星通信可不借助地面任何通信网络设备,实现对边远空旷地区、野外作业区的有效通信。传统的卫星通信是点对点的方向性传输,而移动卫星通信是一点对多点的全向性传输。全向性天线是难以克服多径效应的,但是可以采用扩频技术来提高其抗干扰能力。高通的 Omni TRACS 系统工作在 Ku 波段,采用混合直扩和跳频调制来使用户不受邻近卫星系统的干扰。

(2)以卫星为基础的铁路通信网

以卫星为基础的铁路通信网可以为移动台或手持机提供全路范围内的任何形式的通信服务。在以卫星为基础的个人通信系统中,大多数系统均采用扩展频谱码分多址技术。卫星通信系统属于频带受限系统而不是功率受限系统,因而卫星通信系统中的 CDMA 的频谱利用率并不比 TDMA(时分多址)或 FDMA(频分多址)高。从理论上讲,各种多址制式所能达到的容量极限是一样的,之所以认为 CDMA 的系统容量优于 TDMA 或 FDMA,是由于在 CDMA 中易于采用诸如话音激活、频率复用和多波束空分接收等技术,来开发系统容量。相比之下,在 FDMA 或 TDMA 中其技术难度较大。

(3) 卫星定位系统

利用卫星定位系统可获取移动体(如列车)的位置信息。用 CDMA 扩频信号作为探测信号,可实现精确定位和数据传输。

8.7.2　室内无线数字通信

信道的参数随着传播环境的变化而变化,甚至较小的距离移动也会引起接收信号电平(Received Signal Levels,RSL)有 30 dB 的变化,这就要求采用扩频带宽至少为 10 MHz 来适应 RSL 的变化。另外采用水平极化和垂直极化天线进行极化分集接收,也是改善系统性能的有效办法。扩频无线用户交换系统(SS/WPBX)是由用户交换设备(PBX)、基站(BS)、多个无绳电话组成的,便于进行功率、时间控制和集中管理的星状网结构,反向链路在公众载频上采用直接序列扩频调制的码分复用(CDM),前向链路采用直接序列扩频调制的码分多址(CDMA),各个用户使用指定的伪随机码,利用伪随机码的正交性进行选址。在铁路链状移动通信中,采用 CDMA 技术,每个小区内的移动用户使用共同的宽带信道,每个移动用户有一个独特码,基站可依据用户的独特码(地址码)来区分用户地址。在多区制中,各个基站也是通过不同的地址码来区分的。对于铁路的链路状覆盖,CDMA 可提供信道软切换能力,即不改变载波频率,只改变码型既可实现信道切换,也可以实现越区与漫游的信道切换。在抗干扰通信中的应用 CDMA 制式的突出特点是抗干扰能力强,特别适用于铁路电气化段和弱场强区的电磁场环境。由于发射功率小,功率谱密度低,所以它所引起的电磁污染也小,可与其他系统共存。

8.7.3　在列车尾部安全防护装置上的应用

结合扩频通信高新技术具有抗噪声、抗干扰、抗衰落、抗多径、可多地址通信等优势,在目前列车尾部安全防护装置存在问题的基础上,将扩频通信技术用于对列车尾部安全防护装置,可以提高列车尾部装置的安全防护作用,确保列车运行安全。列车尾部安全防护装置(以下简称列尾装置)主要用于货物列车在取消守车后,机车乘务员能够及时准确地掌握列车尾部风压。目前,该装置是通过无线电信号遥控,实现机车对列车尾部的安全控制和尾部信息的自动反馈。这一装置运用已有十几年,并经多次的技术改进,如通信方式经历了模拟信道、模拟数据(包括模拟语音);模拟信道、数字数据;数字信道(中频数字化);数据传输从单向到双向传输;无线信道从 400 kHz 到 400 MHz、800 MHz、GSM-R 等多种单一的或组合通信方式;同时相关的信息检测控制和处理技术也更加完善,为铁路行车安全起到积极的作用。但是在实际使用中也逐渐暴露出一些问题和不足。列尾装置存在的问题主要是通信信道抗干扰能力有限。

(1) 400 kHz 通信频段利用电力机车高压电力接触网进行感应通信,主要解决列车在山区、隧道等复杂地段运行中的通信,一般只要有电力网的地方感应通信就能实现。但在实际使用中的效果与运行环境的电磁干扰程度有很大关系。在频域上,相对频率越高环境噪声越小,而 400 kHz 频段是环境干扰较为严重的频段,是各种工业干扰的密集区域,在不同的地区、不同的运行线路环境干扰也不同,尤其是电力机车上的变频调速装置,能产生强烈的且与 400 kHz 感应通信载波频率相同或相近的谐波,测试表明通常干扰场强可达到 $-70\sim80$ dB,在某些线路或不同型号机车上严重时可达 -50 dB 左右,这种同频干扰噪声,无法用带通滤波器衰减。

(2) 400 MHz 超短波频段主要依靠空间电磁波传导通信,适用于平原、丘陵及站、场等地区的通信。由于目前该频段采用的是与列调电台相同或相近的频率,工作时与列调电台存在严重的信道串扰,各自正常的通信都受到影响。另外,受列尾主机安装方式的限制,天线位置安装较低且受车厢阻挡,通信是以反射波通信为主,在机车移动中电波传输随时还受到地形轮廓、地形构造及粗糙程度、各种建筑物阻挡程度等环境因素变化产生的各种瑞利衰落(快衰落)、阴影衰落(慢衰落)、多径干扰等现象,将对通信效果产生不同程度的影响。因此传统的通信方式依靠提高发射功率或接收灵敏度改善机器的信噪比,列调电台发射功率高达 25 W,列尾主机也在 2 W 左右,功率的增加,对其他设备的干扰也随之增加。

(3) 800 MHz 通信信道虽然不再受 400 MHz 列调信道的干扰,但频率越高,对信道链路的要求也越高,因此由环境因素变化对通信产生的上述各种干扰并没有本质的减轻。

(4) GSM-R 蜂窝网依托在铁路沿线建立通信网络(视环境 3~10 km 建立基站)来实现铁路系统的通信(包括列尾通信),该技术采用时分通信方式,在数字通信协议平台上可实现多种通信服务。这一系统在 1991 年欧洲铁路系统已安装使用。但我国铁路地域广阔,线路较长且仍处在高速发展建设中,完全依靠网络建设满足铁路系统的通信需求无论从经济、管理、建设速度等方面都存在着一些问题。

目前,铁路运行中大量使用的列尾装置通信采取 400 kHz+400 MHz 模拟信道、双向数传方式,或者是单一的通信频率。根据我国铁路目前的实际情况,这种通信方式在列尾通信上将在较长时间使用。在不改变管理方式、设备硬件结构条件下采用扩频通信技术,将极大地改善和提高通信效果,提升产品的科技水平和可靠性。目前随着数字化技术应用普及和相关工艺水平的提高,数字器件成本也在同比降低,这些都必将推动扩频技术的应用发展。同时使其运用更加经济。如前所述,400 kHz 感应通信频段,在现有技术下要进一步提高抗干扰能力只有增加设备的发射功率,或避开较强的干扰频点来提高信噪比。但提高功率必将受到下列因素制约:①列尾主机受到电池功耗、设备体积及相关功率器件的可靠性等因素限制;②机车电台功率过大将对通信线路上其他机车形成干扰,且由于机车电台和列尾主机上下行通信的不平衡性单一增加机车电台功率效果不佳。此外,选择较好的感应通信频点也存在一些困难,如要预先对运行线路的干扰场强进行实地现场的多次反复测试,对干扰信号的频率、频段进行分析,由此还需兼顾感应通信效率来确定通信频率,给生产和管理产生不便。由于目前 400 kHz 频段受天线带宽限制,扩频码长度有限,综合考虑各种情况在选择 PN 码长 31 情况下,在目前设备功率、通信频率不变基础上,可提高接收能力 3~5 dBm,相当于提高功率 1.5 倍左右。进一步提高扩频增益有赖于信息压缩技术的提高和天线有效带宽的改进。扩频通信技术以其优越的技术性能将在通信领域和经济发展中起到重要作用,在铁路建设方面也具有很好的发展前景。

8.8　扩频通信在高山气象测试中的应用

这里以贺兰山高山无人气象站为例简要阐述。该站位于宁夏回族自治区贺兰山脉第一高峰灵光顶,海拔2 900多米,贺兰山脉为近南北走向,是中国西北地区的重要地理界线。该气象站对我国西部区域天气气候变化、西部沙尘天气成因以及区域性极端天气、气候事件以及天气实施监测具有重要现实意义。由于贺兰山站点位于崇山峻岭之中,属高海拔、高寒地带,周围数公里无人居住,供电、通信问题都比较难解决。在通信方面,若接入有线网络需拉一条专线,这样建设周期长且建设经费高昂,而GSM、CDMA无线移动信号非常不稳定,并且也无法满足气象站探测资料和实时视频监控信号的可靠传输。经过反复思考、论证和实验,最终采用无线扩频技术作为解决通信问题的办法。贺兰山气象站与宁夏区气象局这两个接入点之间的直线距离是41.8 km,两点之间没有明显的遮挡物。满足无线扩频传输要求。

考虑到该站传输数据量大、传输距离长和要求可靠性高的特点。这里使用了支持带宽为30 Mbit/s的2套点对点无线网桥来建设这2条无线链路,并且在两端都配置内置反射面天线,以增强信号强度和链接效果。这里采用(摩托罗拉)公司的PTP 58300 ODU无线网桥。该产品具有功率大、体积小、抗干扰能力强等特点,完全适应贺兰山高山站建站的通信要求。PTP 58300 ODU设备接入口标准为RJ45,自动站采集器设备接口标准为RS232。由于贺兰山站属于无人站,需要在站点放置一PC处理采集器上传数据。同时还需要一台交换机使PC与视频监控摄像头均接入交换机再通过无线扩频设备传输至区局另一端点。系统建成后,经过两个月的系统非定时不间断测试,在晴天、阴天,有雾、有雨、有风及霜降等气候下对两端通信数据进行监测,最终实现并达到了建设单位对数据及图像的传输要求,最大可用净速率带宽21.09 Mbit/s,最小蜂鸣测试带宽1 Mbit/s,在气候因素损耗、线缆损耗、接头损耗、多径损耗、树木山石损耗、菲涅耳遮挡损耗等影响下的最大通路带宽17.8～18.86 Mbit/s,稳定的平均有效带宽高达14.06 Mbit/s,且采用i-OFDM正交频分多路复用技术和上下行动态分布技术后,传输通道上10/100-BaseTX RJ45口传输数据IP包的丢包率不高于1%,接收灵敏度为-86 dBm(10^{-6}误码率),设备发射功率最大不超过31 dBm(由于局端改用外置0.9 m垂直双极化天线,比原有内置27 dBm高,效果更好,时钟同步误差小于0.2×10^{-6})。在实际应用上,经过近两年的使用,自动站数据传输稳定,没有发生因网络问题而引起的数据传输中断。贺兰山监控视频画面传输流畅,对摄像机云台操控延时很小。无线扩频技术实现了贺兰山高山无人气象站数据通信的高稳定性、高可靠性传输,完全满足贺兰山站通信需求。

8.9　扩频通信在道路交通收费系统中的应用

扩频通信在公路领域中除用于交通通信以外,还用于不停车电子收费系统。不停车电子收费系统(Electronic Toll Collection,ETC)是国际上正在努力开发并推广普及的一种用于公路、大桥和隧道的电子自动收费系统,它通过路侧天线与车载电子标签之间的专用短程通信,在不需要司机停车和其他收费人员采取任何操作的情况下,自动完成收费处理全过程。不停车收费系统主要利用车辆自动识别技术(Automatic Vehicle Identification,AVI),通过路侧车道控制系统的信号发射与接收装置识别通过车辆的编号,自动从该用户的专用账户中扣除通行费。射频/微波扩频识别系统是利用安装在车内的射频卡(无线电收发器)存储车辆编号及相关信息,安装在车道的射频天线可与该无线电收发器以专用短程通信(Dedicated Short-Range Communication,DSRC)方式交换信息,并对其存储内容进行读写操作,从而识别出当前通行车辆。除了用于收费以外,射频电子标签(Electronic Tag,ET)的一些型号也可以用于车路通信(Vehicle-Road Communication),这一技术甚至允许车道设备向配备有显示器的射频电子标签发送交通管理信息,使得不停车收费系统拥有城市交通管理和控制的潜在能力。不停车电子收费系统的优势:采用不停车电子收费系统,使车辆通过收费站时无须特别地减速或停车,这将有效地提高收费站的通行能力,解决因人工收费造成的收费站交通堵塞、车辆延误、工时损失、能源消耗和环境污染等问题;另一方面还可以减少过往司机的携带现金量和财务报账手续,方便了车辆的出行,同时堵住了路桥收费中可能出现的漏洞,防止了舞弊现象。有资料表明:不停车电子收费系统可大大提高收费站车辆通行能力,同时可达到人工收费系统车道通行能力的 2 倍。特别需要指出的是,不停车收费系统不仅适用于公路收费系统,还适用于停车场、加油站、公路规费的征收,车辆的年审检测等交通管理的综合一体化服务。存在的问题:扩频通信技术在交通系统中的运用,不只限于上述几个方面,还能运用于交通系统的其他方面,诸如客运公司无线移动售票,交通运输执法部门的现场办公、执法(通过无线联网终端共享数据),50 km 内的临时通信等。当然在使用微波扩频技术时,必须考虑到相连单位距离不能太远,并且两点直线范围内不能有阻挡物。若存在阻挡物或更远距离,则要通过微波扩频技术传输中的中继转换来实现。同时,在无线通信方案的组织、设备的选型上都必须根据具体情况作出相应的决策。扩频通信技术所组成的通信系统有一系列其他系统无法比拟的优点。随着扩频通信技术和产品制造工艺的日趋完善,扩频无线通信网络具备有线通信网络难以比拟的灵活性、移动性、可扩展性、可伸缩性,使得其在道路交通行业中将会有更加广阔的应用前景。

欧拉函数求解方法

欧拉问题是数论中的一个基本问题,它最初源于费马给朋友的一封信:如果 p 为素数,则对每个正整数 a,均有 p 整除 $a^p - a$,这就是有名的费马小定理。后来欧拉给出了费马小定理的严格证明,并进行了推广。此后就有了非常著名的欧拉函数。

1. 欧拉函数定义

欧拉函数 $\phi(N)$:对任意给定的正整数 N,求小于 N,且与 N 互素的正整数的个数。

2. 欧拉函数的求法

(1) 当 N 为素数 p 时,每一个小于 p 的正整数都和 p 互素即 $\phi(p) = p - 1$。

证明:对于 N 的标准分解式为 $N = p_1^{e_1} \times p_2^{e} \times \cdots \times p_k^{e_k}$,则 $\phi(N)$ 的计算是:

$$-\phi(n) = p_1^{(e_1-1)} \times p_2^{(e_2-1)} \cdots p_s^{(q_s-1)} \times (p_1 - 1) \times (p_2 - 1) \times \cdots \times (p_s - 1)$$

因为 p 是质数,p 的标准分解式 $p = p_1$,代入 $\phi(p)$ 的计算公式,即

$$\phi(p) = p^{(1-1)} \times (p - 1)$$

例如:

$$\phi(5) = 4, \phi(11) = 10$$

(2) 当 N 为素数 p 的平方时,$N = p^2$,则 $\phi(N) = (p - 1)p$。

证法同上。

例如:

$$\phi(25) = 20 = 5^{(2-1)} \times (5 - 1)$$

$$(1, 2, 3, 4, 6, 7, 8, 9, 11, 12, 13, 14, 16, 17, 18, 19, 21, 22, 23, 24)$$

(3) 当 N 为素数 p 的 n 次方时,$\phi(N) = N \cdot \left(1 - \dfrac{1}{p}\right) = p^{n-1}(p - 1)$。

证明:对于 N 的标准分解式为 $N = p_1^{e_1} \times p_2^{e_2} \times \cdots \times p_k^{e_k}$,则 $\phi(n)$ 的计算式是:

$$\phi(N) = p_1^{(e_1-1)} \times p_2^{(e_2-1)} \times \cdots \times p_s^{(q_s-1)} \times (p_1 - 1) \times (p_2 - 1) \times \cdots \times (p_s - 1)$$

因为 $N = p^n$,代入公式即得结论。

(4) 当 $(m, n) = 1$ 时,$\phi(mn) = \phi(m)\phi(n)$ 成为积性函数。

证明:假设 m 和 n 是两个互素的整数,把从 1 到 mn 的正整数按下述方式排列成一个有 m 行和 n 列的阵势:

$$
\begin{array}{ccccc}
1 & m+1 & 2m+2 & \cdots & (n-1)m+1 \\
2 & m+2 & 2m+2 & \cdots & (n-1)m+2 \\
\vdots & & & & \\
m & 2m & 3m & \cdots & mn
\end{array}
$$

显然,此数字表的第 $r(1\leqslant r\leqslant m)$ 行的 n 个数字为

$$r \quad m+r \quad 2m+r \quad \cdots \quad (n-1)m+r$$

一方面,不难看出一个数 d 整除 m 和 r,当且仅当 d 整除 m 和 $km+r$,由此表明当 r 和 m 互素时,第 r 行中的各数也都与 m 互素;而当 r 和 m 不互素时,第 r 行中的各数也都与 m 不互素。另一方面,假如该行中某两个数 $am+r$ 和 $bm+r$ 除以 n 的余数相同,则它们的差等于 $(a-b)m$ 也能被 n 整除。从 m 和 n 的互素假设可知 n 整除 $a-b$,因为 $0\leqslant a\leqslant n-1,0\leqslant b\leqslant n-1$,所以只能是 $a=b$,这说明每行中的 n 个数分别除以 n 后所得的余数两两不同,这 n 个不同的余数只能是 $0,1,\cdots,n-1$ 的一个排列,因而每行中恰有 $\phi(n)$ 个数与 n 互素。注意到与 mn 互素的数就是那些分别同 m 和 n 都互素的数,所以,为了上述阵势中找到所有与 mn 互素的数,可以先找到与 m 互素的那些行,共有 $\phi(m)$ 个,然后在每个与 m 互素的行中再接着找出与 n 互素的数来。按照以上说明,每行中都恰好有 $\phi(n)$ 个与 n 互素的数。这样,在上述阵势里与 mn 互素的数就共有 $\phi(m)\phi(n)$ 个。

综上所述即证明了 $\phi(mn)=\phi(m)\phi(n)$。

当 $N = p_1^{e_1} \times p_2^{e_2} \times \cdots \times p_k^{e_k}$ 时满足积性函数

$$\phi(N)=\phi(p_1^{e_1}) \cdot \phi(p_2^{e_2}) \cdot \cdots \cdot \phi(p_k^{e_k})=N \cdot \left(1-\frac{1}{p_1}\right) \cdot \left(1-\frac{1}{p_2}\right) \cdot \cdots \cdot \left(1-\frac{1}{p_k}\right)$$

$$=p_1^{(e_1-1)}(p_1-1) \times p_2^{(e_2-1)}(p_2-1) \times \cdots \times p_k^{(e_k-1)}(p_k-1)$$

例如:

$$\phi(100)=\phi(2^2 \times 5^2)=\phi(2^2) \times \phi(5^2)=2^{(2-1)}(2-1) \times 5^{(2-1)}(5-1)$$

(5)递推求解。

说明:欧拉函数可以很方便的计算小于某个数 N 但 N 互质的数的个数,即 $M(1\leqslant M<N)$ 且 $\gcd(M,N)=1$,M 的个数很容易由欧拉函数来计算出来。欧拉函数的表达式 $N \times \left(1-\frac{1}{f_1}\right) \times \left(1-\frac{1}{f_2}\right) \times \left(1-\frac{1}{f_3}\right)\cdots\cdots$ 依此类推,其中 $f_1,f_2,f_3,\cdots$ 等是 N 的不同的质因子,例如 $12=2\times2\times3$,那么 12 有两个不同的质因子 2,3,由欧拉函数可得小于 12 但与 12 互质的个数为 $12 \times \left(1-\frac{1}{2}\right) \times \left(1-\frac{1}{3}\right)=4$,列举为 1,5,7,11。那么在实际实现欧拉函数的时候,可以把一个数进行质因子分解,依次代入欧拉函数进行求解。现在介绍一种用欧拉函数自身的递推关系来实现的方法。

首先介绍递推关系,假设数 N 有 m 个不同的质因子 $f_1,f_2,f_3,\cdots,f_m$,那么数 $\left(\frac{N}{f_1}\right)$ 有多少个不同的质因子呢?分成两种情况来考虑:

情况(1):N 只包含一个 f_1 因子,那么 $\frac{N}{f_1}$ 有 $m-1$ 个因子 $f_2,f_3,\cdots,f_m$。我们考察 $\frac{N}{f_1}$ 和 N 的欧拉函数形式为

$$E(N) = N \times \left(1-\frac{1}{f_1}\right) \times \left(1-\frac{1}{f_2}\right) \times \cdots \times \left(1-\frac{1}{f_m}\right)$$

$$E\left(\frac{N}{f_1}\right)= \frac{N}{f_1} \times \left(1-\frac{1}{f_2}\right) \times \left(1-\frac{1}{f_3}\right) \times \cdots \times \left(1-\frac{1}{f_m}\right)$$

则显然得到

$$E(N) = (f_1-1) \times E\left(\frac{N}{f_1}\right)$$

式中，f_1 为 N 的质因子且 $N \mid f_1 = 0$，$\left(\dfrac{N}{f_1}\right) \mid f_1 \neq 0$。

情况（2）：N 包含一个以上的 f_1 因子，那么 $\dfrac{N}{f_1}$ 包含了 N 相同的质因子个数且此时两者的欧拉函数分别记为

$$E(N) = N \times \left(1 - \frac{1}{f_1}\right) \times \left(1 - \frac{1}{f_2}\right) \times \cdots \times \left(1 - \frac{1}{f_m}\right)$$

$$E\left(\frac{N}{f_1}\right) = \frac{N}{f_1} \times \left(1 - \frac{1}{f_1}\right) \times \left(1 - \frac{1}{f_2}\right) \times \cdots \times \left(1 - \frac{1}{f_m}\right)$$

则显然得到

$$E(N) = f_1 \times E\left(\frac{N}{f_1}\right)$$

式中，f_1 为 N 的质因子且 $N \mid f_1 = 0$，$\left(\dfrac{N}{f_1}\right) \mid f_1 = 0$。

因此这两种递推关系比较简练，因为只与质因子有关。

3. 关于欧拉函数的几个猜想

（1）欧拉函数 $\phi(N)$ 的散列值中一定存在 n_1 和 n_2，使得 $n_1 + n_2 = N$。

（2）欧拉函数 $\phi(N)$ 一定存在散列值 1 和 $N-1$。如果 N 为偶数，则必存在下列散列值之一，$\dfrac{N+2}{2}$，$\dfrac{N-2}{2}$ 或 $\dfrac{N+4}{2}$，$\dfrac{N-4}{2}$；如果 N 为奇数，则必存在下列散列值之一，$\dfrac{N+1}{2}$，$\dfrac{N-1}{2}$ 或 $\dfrac{N+3}{2}$，$\dfrac{N-3}{2}$。

4. 结束语

在求欧拉函数时，当 $N \to \infty$ 时，人工计算是不现实的，利用计算机计算可以减工作量计算结果而且运行速度快；另外，利用计算机软件模拟那些比较复杂、运算大的概念时，可以给使用者带来许多方便。

一些数的欧拉函数值如附表 1-1。

附表 1-1 一些数的欧拉函数值

$\phi(1) = 0$	$\phi(2) = 1$	$\phi(3) = 2$	$\phi(4) = 2$	$\phi(5) = 4$
$\phi(6) = 2$	$\phi(7) = 6$	$\phi(8) = 4$	$\phi(9) = 6$	$\phi(10) = 4$
$\phi(11) = 10$	$\phi(12) = 4$	$\phi(13) = 12$	$\phi(14) = 6$	$\phi(15) = 6$
$\phi(16) = 8$	$\phi(17) = 16$	$\phi(18) = 6$	$\phi(19) = 18$	$\phi(20) = 8$
$\phi(21) = 12$	$\phi(22) = 10$	$\phi(23) = 22$	$\phi(24) = 8$	$\phi(25) = 20$
$\phi(26) = 12$	$\phi(27) = 18$	$\phi(28) = 12$	$\phi(29) = 28$	$\phi(30) = 8$
$\phi(31) = 30$	$\phi(32) = 16$	$\phi(33) = 20$	$\phi(34) = 16$	$\phi(35) = 24$
$\phi(36) = 12$	$\phi(37) = 36$	$\phi(38) = 18$	$\phi(39) = 24$	$\phi(40) = 16$
$\phi(41) = 40$	$\phi(42) = 12$	$\phi(43) = 42$	$\phi(44) = 20$	$\phi(45) = 24$
$\phi(46) = 22$	$\phi(47) = 46$	$\phi(48) = 16$	$\phi(49) = 42$	$\phi(50) = 20$

如果要计算前 50 个数这可以直接查表，计算比 50 大的数可以运用欧拉函数方法求解。

参 考 文 献

[1] 田日才. 扩频通信. 北京:清华大学出版社,2007.

[2] 梅文华,等. 跳频通信地址编码理论. 北京:国防工业出版社,1998.

[3] 曾一凡,等. 扩频通信原理. 北京:机械工业出版社,2006.

[4] O Kaya, S Ulukus. Optimum power control for CDMA with deterministic sequences in fading channels. IEEE Transactions on Information Theory,2004,50(10):2449-2462.

[5] R F Hara, Y Miao, M Mishima. Optimal frequency hopping sequences:a combinatorial approach. IEEE Transactions on Information Theory,2004,50(10):2408-2420.

[6] 梅文华,杨义先,周炯槃. 跳频序列设计理论的研究进展. 通信学报,2003,24(2):92-101.

[7] 杨义先. 最佳信号理论与设计. 北京:人民邮电出版社,1996.

[8] 肖国镇,等. 伪随机序列及其应用. 北京:国防工业出版社,1985.

[9] Y R Tsai. Coherent M-ary spreading-code-phase-shift-keying modulation for direct-sequence spread spectrum systems. IEEE Vehicular Technology Conference,2004,60(1):759-763.

[10] D Y Peng, P Z Fan. Lower bounds on the Hamming auto- and cross- correlations of frequency-hopping sequences. IEEE Transactions on Information Theory,2004,50(9):2149-2154.

[11] E Fishier, H V Poor. Low-complexity multiuser detectors for time-hopping impulse-radio systems. IEEE Transactions on Signal Processing,2004,52(9):2561-2571.

[12] 查光明,等. 扩频通信. 西安:西安电子科技大学出版社,1992.

[13] 曾兴雯,等. 扩展频谱通信及其多址技术. 西安:西安电子科技大学出版社,2004.